AF465391

MÉMOIRE

SUR L'ÉTAT DE LA PRODUCTION

DU

SUCRE INDIGÈNE ET DU SUCRE COLONIAL,

PAR M. FAVARD,

DÉLÉGUÉ DE LA GUYANE.

> « L'émancipation, avec quelques ménagements qu'elle soit conduite, entraînera nécessairement un certain degré de perturbation dans le travail colonial. . . .
> « On ne saurait guère imposer aux colons les embarras d'un régime transitoire en les laissant exposés au hasard de cette lutte désespérée. . . . ce serait trop [illegible]. »
>
> (Rapport de M. le duc de Broglie sur les questions coloniales, pag. 255.)

PARIS.

IMPRIMERIE D'AD. BLONDEAU, RUE RAMEAU, 7

(Place Richelieu).

[illegible]

S

MÉMOIRE

SUR L'ÉTAT DE LA PRODUCTION

DU

SUCRE INDIGÈNE ET DU SUCRE COLONIAL.

MÉMOIRE

SUR L'ÉTAT DE LA PRODUCTION

DU

SUCRE INDIGÈNE ET DU SUCRE COLONIAL,

PAR M. FAVARD,

DÉLÉGUÉ DE LA GUYANE.

« L'émancipation, avec quelques ménagements qu'elle « soit conduite, entraînera nécessairement un certain « degré de perturbation dans le travail colonial...... « On ne saurait guère imposer aux colons les embarras « d'un régime transitoire en les laissant exposés au « hasard de cette lutte désespérée...... ce serait trop « de moitié ! »

(*Rapport* de M. le duc de Broglie sur les *Questions coloniales*, pag. 255.)

PARIS,

IMPRIMERIE D'AD. BLONDEAU, RUE RAMEAU, 7

(place Richelieu).

1847.

MÉMOIRE

SUR L'ÉTAT DE LA PRODUCTION

DU

SUCRE INDIGÈNE ET DU SUCRE COLONIAL.

Quatre ans se sont à peine écoulés depuis que la loi qui régit aujourd'hui le commerce des sucres a été rendue ; et l'on s'étonnera, sans doute, après la discussion vive et animée dont elle a été l'objet au sein des chambres, de voir un organe des colonies venir en demander la réforme, alors que tous les pouvoirs publics croyaient avoir résolu pour longtemps cette question si délicate et qui touche à de si graves intérêts.

Ce sentiment, nous aimons à le croire, ne sera pas partagé par le gouvernement du roi. Déjà il a pu apprécier les résultats de cette législation, et reconnaître que la loi du 2 juillet 1843 n'avait été qu'une trêve dans le grand débat qui s'était agité ; que les mêmes intérêts devraient bientôt se retrouver en présence, et recommencer une lutte que l'on n'avait fait qu'ajourner. Telle était d'ailleurs l'opinion qu'exprimait M. le ministre du commerce et de l'agriculture sur le principe qui a prévalu dans cette législation.

« Quelques opinions, disait-il, se sont attachées de préférence à l'égalisation, soit graduelle, soit immédiate du tarif des deux sucres. Rien de moins contestable, en effet, que le principe de l'égalité des charges en matières d'impôt... Le système d'égalisation se présente donc avec une apparence de justice, et nous avons nous-mêmes douté si nous ne devions pas lui donner la préférence ; un plus mûr examen nous en a fait sentir l'impossibilité... Voici quelles en seraient les conséquences : ou la production indigène résisterait en tout ou en partie à la nouvelle charge qui lui serait imposée, et alors les usines subsistantes renouvèleraient dans un temps donné la lutte actuelle avec toutes les complications, tous les dangers qui l'accompagnent ; ou elles succomberaient, et, dans ce cas, la mesure que nous aurions prise serait justement considérée comme un subterfuge aussi contraire à la dignité du pays qu'à ses véritables intérêts (1). »

C'est la première supposition de M. le ministre du commerce qui s'est réalisée, et qui légitime aujourd'hui notre démarche ; mais ce n'est pas le seul motif que nous ayons à faire valoir.

Lorsque la minorité de la commission, chargée de l'examen du projet de loi présenté par le gouvernement, y substitua son amendement basé sur le principe de l'égalité des charges en matière d'impôt, elle s'appuya particulièrement sur cette considération, que le prix de revient de la production du sucre indigène et du sucre colonial étant le même, les deux indus-

(1) Exposé des motifs du 11 janvier 1843.

tries devaient dès-lors être assujetties aux chances de la libre concurrence.

Telles furent les considérations qui motivèrent l'amendement substitué à la proposition du gouvernement, et elles avaient alors une apparence d'équité ; car la position des deux industries paraissait effectivement être en équilibre.

Mais depuis lors un fait grave, important, entièrement en dehors des chances ordinaires de l'industrie, est venu altérer cette situation et détruire défavorablement, pour le sucre colonial, l'équilibre sur lequel on avait établi les bases de la loi de 1843.

Le gouvernement, en se décidant à faire un premier pas dans la voie de l'émancipation par la promulgation de la loi du 18 juillet 1845, concernant le régime des esclaves, a introduit, dans les conditions de la production coloniale, une perturbation fâcheuse, dont il faut aujourd'hui savoir tenir compte. Agir autrement, prétendre laisser à la charge des colons toutes les difficultés économiques de cette mesure, serait manquer aux lois de l'équité, en même temps que l'on compromettrait sérieusement le succès de la réforme que l'on veut opérer, et même l'existence des colonies.

Ces appréhensions n'auront pas lieu, nous en sommes convaincus, de surprendre le gouvernement, qui depuis longtemps a dû prévoir la situation que nous signalons ; car les travaux de la commission chargée d'étudier les questions relatives à l'esclavage ne lui ont rien laissé ignorer à cet égard. C'est ce qui ressort évidemment des citations suivantes, puisées dans le remarquable rapport du président de cette commission :

« L'émancipation (y est-il dit), avec quelques ménagements qu'elle soit conduite, entraînera nécessairement un certain degré de perturbation dans le travail colonial. La production en souffrira plus ou moins. La production en souffrira moins, nous l'espérons, qu'elle n'en a souffert dans les colonies anglaises, mais enfin, dans les premiers temps elle diminuera... En Angleterre (sous l'empire de la législation des sucres), le prix des sucres coloniaux qui n'avait pas dépassé, pendant les quatre années qui ont précédé l'apprentissage, 27 schellings 7 deniers 1/4 en moyenne, distraction faite du droit, s'est élevé en moyenne, pendant les quatre années d'apprentissage, à 37 schellings 7 deniers 1/4 et à 44 schillings 1 denier 1/4 pendant les deux premières années de la liberté définitive.

« Il sera, selon nous, indispensable au succès de l'émancipation, d'établir en France une législation analogue. Il sera indispensable, *pendant les années du régime intermédiaire*, d'assurer aux colons un prix de leurs denrées un peu au-dessus du strict nécessaire..... On ne saurait guère imposer aux colons les embarras d'un régime transitoire, en les laissant exposés au hasard de cette lutte désespérée (la concurrence du sucre indigène) : ce serait trop de moitié (1). »

Ces réflexions émanées d'une autorité aussi grave que celle du rapporteur de la commission chargée de l'examen des questions relatives à l'esclavage, justifient pleinement nos craintes sur les conséquences économiques de la loi du 18 juillet 1845, et légitiment la démarche que nous faisons aujourd'hui auprès du gouvernement du roi, pour réclamer une législation sur les sucres, qui soit en rapport avec la nouvelle situation des colonies.

(1) Rapport de M. le duc de Broglie sur les questions relatives à l'esclavage, page 255 et suivantes.

§ Ier.

La loi du 2 juillet 1843 a-t-elle produit l'effet qu'on en attendait ?

Notre démarche, ainsi justifiée, nous aurons à examiner quelle était l'intention du gouvernement et des chambres, lorsqu'en 1843 ils se décidèrent à remanier la loi des sucres, et si le but que l'on s'était proposé a été obtenu.

Cette intention se révèle suffisamment par le projet de loi du Gouvernement ayant pour objet de supprimer la production du sucre indigène. Évidemment une conception aussi radicale n'a pu être inspirée que par une grande pensée politique dont le but principal, en réservant le marché de la France à l'approvisionnement des sucres exotiques était, sans aucun doute, d'assurer ce puissant aliment au mouvement de notre navigation marchande, et au développement de la puissance maritime du royaume.

Nous n'en rechercherons d'autre preuve que ces paroles que M. le ministre de la marine faisait entendre dans la discussion de ce projet de loi.

« Le gouvernement vous l'a déjà déclaré (disait M. l'amiral Roussin), au fond de ce débat, en apparence subalterne et purement mercantile, s'agitent un puissant intérêt politique, une question d'Etat, une question d'avenir pour notre puissance nationale. Je m'associe à cette déclaration de toutes les forces de ma conviction (1). »

(1) Séance de la Chambre des députés du 15 mai 1843.

A cette première pensée, grande et généreuse, venait aussi se joindre un principe d'équité à l'égard de nos colonies.

Soumises au monopole commercial de la métropole, ces possessions en subissaient toutes les rigueurs, et cependant, en violation du contrat qui les unit à la mère-patrie, elles voyaient chaque jour leurs produits chassés du marché de la France par la concurrence privilégiée du sucre indigène : leur position était devenue intolérable, il fallait y faire droit.

Ces motifs, on peut le dire, ne furent l'objet d'aucune contestation sérieuse dans le sein de la chambre élective, et si la majorité de cette assemblée différa d'opinion avec le gouvernement, dans le choix du moyen par lequel il se proposait de faire droit à ces deux grands intérêts, du moins personne ne contesta l'importance du commerce des sucres exotiques pour le développement de notre puissance maritime, ni le principe d'équité invoqué en faveur de nos colonies. C'est ce que constate, avec toute autorité, ces paroles de l'honorable M. Dumon, à l'appui de l'amendement substitué au projet du gouvernement.

« Que veut-on au sucre indigène? Lui reproche-t-on d'envahir le marché métropolitain, d'exclure la production coloniale, de diminuer les transports de notre marine? Nous sommes d'accord avec nos adversaires, cette tendance existe, il faut y porter remède, et nous espérons de le faire par notre amendement (1). »

La chambre en se prononçant en faveur de cet amendement s'associait donc aux intentions qui l'avaient dicté. Elle

(1) Chambre des députés, séance du 17 mai 1843.

reconnaissait par cela même le puissant intérêt qui s'attachait à ce que la production du sucre indigène ne fût pas à l'avenir une cause d'infériorité pour notre marine, et de ruine pour nos colonies. Elle ne différait avec le gouvernement que sur l'appréciation du danger qu'elle ne jugeait pas encore assez grave pour nécessiter, contrairement aux principes, le sacrifice d'une industrie qui, jusque-là, avait été l'objet d'une faveur toute particulière, et les faits paraissaient alors concourir à justifier cette opinion.

La production indigène qui, en 1838, s'était élevée jusqu'au chiffre de 50 millions de kilogrammes, par le seul effet de la loi de 1840, avait été réduite à 22 millions; et si, au moment où le projet de loi du 11 janvier fut présenté elle paraissait se relever, ce fait n'était attribué qu'à l'espérance entretenue chez un grand nombre de fabricants d'obtenir l'indemnité annoncée depuis longtemps comme devant être la base d'une nouvelle disposition législative. On supposait donc, avec quelque raison, que la péréquation de l'impôt sur les deux sucres en venant augmenter les charges de cette industrie aurait pour conséquence d'amener la clôture de toutes les fabriques placées dans de mauvaises conditions, et que la production se trouverait ainsi renfermée dans des limites telles qu'elle ne serait plus un objet d'inquiétude pour les deux grands intérêts qu'on voulait protéger contre ses envahissements.

Ainsi, le but évident était de *limiter* la production au lieu de la supprimer, comme le voulait le gouvernement. Cette pensée de *limitation* se retrouve dans la bouche de tous les orateurs qui se sont fait entendre dans cette importante discussion. D'abord on la voit produite par la majorité de la commission, et le rapport de l'honorable M. Gauthier de Rumilly contient une proposition tendant à faire régler le chiffre normal de la production à la quantité de 30 millions de kilogrammes (1).

On la trouve dans la bouche des défenseurs les plus ardents de l'industrie indigène, et le meilleur argument que puisse faire valoir l'honorable M. Lestiboudois, à l'appui de sa cause, est de s'écrier :

« On aura beau changer la question, la dénaturer, annuler les chiffres, il s'agira toujours d'une chose simple : de donner à notre marine marchande le transport de 25 millions de kilogrammes, ni plus, ni moins. »

Enfin, cette pensée se reproduit chez les auteurs de l'amendement, et l'honorable M. Dumon expose, dans les termes suivants, les résultats qu'il attend de sa proposition :

« Le sucre indigène, dans l'hypothèse de notre amendement, ne nuira pas à vos importations ni à vos exportations actuelles, il ne nuira pas à l'état actuel de votre marine et au recrutement de la flotte. »

Ainsi, toutes les opinions s'accordaient dans la pensée de poser par la nouvelle loi qui se discutait *une limite* au développement de la production indigène et de la renfermer dans le chiffre de 25 à 30 millions de kilogrammes qu'elle présentait à cette époque. Ceci nous paraît suffisamment démontré ?

Recherchons maintenant si ce but a été atteint : Voyons si, suivant les expressions de l'honorable M. Dumon, la production indigène ne tend pas, aujourd'hui, *à envahir le marché métropolitain*, *à exclure la production coloniale, à diminuer les transports de notre marine*. Si cette tendance

(1) Projet de loi proposé par la commission. Rapport de M. Gauthier de Rumilly du 26 avril 1843.

existe, s'il est prouvé que la loi du 2 juillet 1843 a été sans efficacité pour l'arrêter, alors nous dirons avec cet orateur : *Il faut y porter remède!*

Ainsi que tous les autres genres de spéculation, la fabrication du sucre de betterave a réuni ses appréciateurs modérés et ses fanatiques. A l'abri de l'immense protection dont elle fut pendant longtemps l'objet, on s'était imaginé que cette industrie pouvait être exploitée avec succès dans toutes les parties de la France, sous toutes les conditions, et l'entraînement fut tel que l'on a compté dans le royaume jusqu'à 585 fabriques, produisant 49 à 50 millions de kilogrammes de sucre. La loi de 1840 vint ouvrir les yeux à ces spéculateurs imprudents, et le chiffre de l'impôt porté par cette loi à 25 fr., ajoutant aux difficultés de leur position, la plupart de ces folles entreprises se liquidèrent, et les fabriques placées en de mauvaises conditions furent fermées. En 1843 il n'en existait plus que 382, produisant de 25 à 30 millions.

C'est dans cette situation que la loi de 1843 vint trouver cette industrie, et l'on supposait, avec quelque raison, que l'augmentation de l'impôt aurait encore pour effet d'en faire disparaître un certain nombre, et de ne laisser subsister (suivant M. Dumon), que les fabriques qui rencontreraient, dans des conditions favorables, la réunion des quatre éléments principaux de la production :

« La betterave à bon marché, une main d'œuvre intelligente, une population manufacturière et des moyens économiques de transport. »

Ces conditions ne devaient pas être difficiles à réunir dans un pays aussi fertile que la France, et c'est en effet ce qui fut bientôt prouvé par le chiffre toujours ascendant de la production :

De 1842 à 1843, la production surexcitée, ainsi qu'il a été dit, par l'espoir de l'indemnité, s'était élevée à. . . . . 35,000,000 fr.
Celle de 1843-1844 ne dépassa pas. . . . 27,868,000

Mais dès l'année suivante, on voit la production se relever, et la campagne de 1844-1845 contate le chiffre de. 36,457,000

Le progrès continue en 1845-1846. . . 40,546,000

Enfin, la campagne de 1846-1847 s'élève à. 45,000,000

On voit donc que, bien loin de périr, ou même de rester stationnaire et renfermée dans le chiffre de 25 à 30 millions, but avoué de la loi, la production du sucre indigène s'est développée annuellement, et présente un chiffre presque double de celui qu'on prétendait lui assigner comme l'état normal de son existence.

Quant aux fabriques, elles suivent à peu près les mêmes mouvements. Avant 1840, on en avait compté jusqu'à 585. L'effet de la loi qui fut rendue fut d'en réduire le chiffre à 382.

La loi de 1843 en atteignit encore un grand nombre, et la campagne de 1845 n'en constata plus que 292 en activité.

Mais à dater de l'année 1846, nous les voyons, ainsi que cela a eu lieu dans la production, entrer dans l'échelle ascendante, et la campagne de 1846-1847 constate 296 fabriques en activité, deux de plus que la campagne précédente. C'est peu de chose, nous dira-t-on, mais cela indique suffisamment que la crise éprouvée par cette industrie n'a pas été produite seulement par la loi de 1843, mais qu'elle était aussi la conséquence des opérations aventureuses auxquelles elle avait donné lieu, et dont la nouvelle législation n'avait fait que hâter le dénouement.

On peut donc conclure de ces faits que cette industrie, dégagée aujourd'hui des premières difficultés de la nouvelle législation, doit continuer sa marche ascendante tant par le développement des fabriques existantes que par la création de nouveaux établissements ; et, conséquemment, que la loi de 1843 n'a pas atteint le but que l'on s'était proposé (1).

Mais, dira-t-on, les intérêts des colonies n'ont point eu à souffrir de cette augmentation dans la production indigène, puisque le prix du sucre, qui était en 1843 à 55 fr. les 50 kilogrammes sur le marché du Havre, s'est relevé, et se maintient à 61 et 62 francs, prix suffisant pour désintéresser le producteur. L'industrie indigène ne mérite donc pas le reproche qu'on lui a si souvent adressé, de chasser le sucre colonial du marché de la métropole, et d'enlever à notre navigation un des principaux éléments de fret.

Nous reconnaissons l'effet salutaire produit momentanément par la loi de 1843, et, certes, il n'en pouvait être autrement, alors que l'on venait de doubler l'impôt que la production indigène avait dû acquitter jusque-là. Il est certain que les fabricants ont dû tout d'abord compter avec ce nouvel

(1) On lisait dernièrement dans un journal du département du Nord :

« On annonce pour la campagne prochaine l'établissement d'un grand nombre de fabrique de sucre de betteraves. Si nous en croyons les *on dit*, les communes de Fresnes, d'Escoudin, d'Ouamg, la ville de Saint-Amant et les communes de Marly verraient s'élever prochainement des usines de ce genre. D'un autre côté, plusieurs fabriques se montent dans l'arrondissement de Lille sur des proportions gigantesques. »

impôt qui, en augmentant leurs charges, devait réduire leurs bénéfices; il leur a fallu, dès-lors, tenir leurs prix et ne plus vendre au rabais, ainsi qu'ils l'avaient fait précédemment. Mais nous ajouterons, cependant, que cette situation tient aussi à des causes économiques d'une grande importance, et qu'il ne faut pas perdre de vue.

N'oublions pas, en effet, qu'en même temps que l'Angleterre, par une habile réforme de ses tarifs de douane, augmentait de plus de 100,000 quintaux sa consommation annuelle de sucre, les principales colonies en possession de fournir les marchés européens, les îles de Cuba et de Porto-Ricco, éprouvaient, par suite des influences atmosphériques, une grande réduction dans leur production; ces deux causes devaient nécessairement concourir à soutenir les prix.

D'un autre côté et pendant que ceci se passait à l'étranger, la France adoptait à l'égard de ses colonies une politique nouvelle dont les conséquences, affectant gravement leur production, la faisait descendre de 102 millions de kilogrammes, chiffre de 1845, à 78 millions pour 1846, laissant ainsi dans l'approvisionnement du royaume un déficit de 24 millions qui a été comblé par le sucre indigène. Sans cette circonstance, il est certain que nos entrepôts seraient en ce moment encombrés de marchandises et que les prix seraient déjà revenus à ce qu'ils étaient en 1843.

Ainsi le sucre indigène se serait donc substitué, dans la consommation, au sucre colonial, constatant encore, sous ce rapport, l'impuissance de la loi de 1843, puisqu'il aurait enlevé à notre marine un élément de fret qu'on avait eu l'intention de lui réserver.

Ceci étant donné, et nous croyons nos conclusions incontestables, on se demandera sans doute s'il convient de s'occuper dès aujourd'hui de la réforme de la législation ; on objectera que le mal n'est encore qu'apparent, puisque les prix de ventes du sucre se soutiennent, et que les colonies n'ont point, sous ce rapport, à souffrir de la situation ; que, quant à la diminution du chiffre des importations, elle tient à des causes indépendantes de l'existence du sucre indigène et dont, par conséquent, on ne saurait lui demander raison.

A cela nous répondrons que c'est précisément au moment où le danger se montre, alors qu'il est reconnu, qu'il faut aviser aux moyens de le détourner ; que le devoir d'un gouvernement habile et prévoyant est d'extirper le mal dans son germe et non d'attendre qu'il se soit étendu, qu'il ait jeté des racines profondes pour venir ensuite épuiser ses efforts à le détruire. Nous avons déjà, dans cette question, un exemple concluant et qui doit ici servir d'enseignement. C'est le sort éprouvé par le projet de loi de 1843.

Certainement des motifs du plus puissant intérêt se réunissaient pour appuyer le projet de supprimer la sucrerie indigène avec indemnité, et si cette proposition eût été portée aux chambres dix ans plus tôt, elle eût réuni une immense majorité. Mais on avait trop attendu ; des intérêts de toute nature, et qui méritaient d'être pris en considération, avaient été amenés par le temps à s'engager dans ce genre de spéculation. Ils se groupèrent pour défendre avec énergie une position acquise. Le succès couronna leurs efforts, et le gouvernement succomba dans une des entreprises les plus sages qu'il eût conçues.

Cet enseignement, nous l'espérons, ne sera pas perdu ; le gouvernement comprendra que s'il veut la conservation de ses colonies, s'il veut réserver à la navigation nationale, au commerce d'exportation un aliment indispensable, enfin s'il

2

BIBLIOTHÈQUE ROYALE

veut suivre avec prudence et succès la transformation sociale qu'il prétend opérer dans ses colonies, et dont la loi du 18 juillet 1845 a jeté les premières bases, il doit, dès aujourd'hui, avant que de nouveaux intérêts soient venus s'engager dans la sucrerie indigène, préparer les moyens propres à réparer l'insuffisance de la législation actuelle.

---

§ II.

Des conséquences de la loi du 18 juillet 1845, sur la production du sucre colonial.

En entreprenant l'œuvre généreuse, mais difficile de la transformation de la société coloniale, nous ne pouvons douter que les intentions du gouvernement n'aient été de la poursuivre ainsi qu'il convient à une nation civilisée, c'est-à-dire par la consolidation et le développement des richesses acquises par le travail et la production.

Cependant on ne saurait nier que les nouvelles obligations imposées aux planteurs des colonies, ainsi que les modifications apportées au régime de l'esclavage, ne doivent avoir pour conséquence forcée, inévitable, d'altérer sensiblement les conditions de la production et de déplacer cet équilibre que l'on avait jusqu'ici cherché à maintenir entre les deux industries métropolitaine et coloniale. L'industrie, on le sait, est un thermomètre extrêmement mobile qui ressent l'influence des plus légères perturbations de l'état social, et on n'a jamais pu espérer qu'une modification aussi grave dans l'état des travailleurs que celle qui a été introduite par la loi du 18 juillet 1845 pourrait avoir lieu sans que les conditions de la production n'en fussent gravement altérées.

C'est là un fait sur lequel tous les partis sont tombés d'accord, et qui a d'ailleurs été établi comme un principe par la commission du gouvernement chargée de l'examen des questions relatives à l'esclavage, dans son rapport que nous avons déjà cité.

Or, ce que M. le duc de Broglie avait été amené à reconnaître, par suite de ses longues études de la question, se réalise aujourd'hui dans toutes nos colonies : la perturbation prévue se manifeste dans tous les centres de production, le travail diminue dans les ateliers en même temps qu'augmentent les dépenses à faire pour les cultivateurs. Voilà ce que constatent les renseignements qui nous arrivent, et ce que prouve surabondamment l'énorme réduction déjà éprouvée dans le chiffre des importations des sucres coloniaux qui, du chiffre de 102 millions de kilogrammes auquel il s'était élevé en 1845, est tombé tout à coup à 78 millions pour 1846 (1).

Certes, nous n'entendons pas attribuer au seul effet de la promulgation de cette loi la différence qui se fait remarquer dans le chiffre de la production ; mais toujours est-il que ses influences se font déjà sentir d'une manière inquiétante sous le rapport économique. C'est, au surplus, ce que les conseils coloniaux, organes officiels des colonies, se sont accordés à exposer dans toutes les circonstances où ils ont pu légalement s'adresser au gouvernement.

Que dit, en effet, le conseil colonial de la Guadeloupe dans son adresse au gouverneur :

« Si les symptômes de désordres qui s'étaient manifestés ont été promptement étouffés ; si quelques cas graves d'insubordination et de vengeance poussés jusqu'au crime ont été sévèrement réprimés, la colonie est restée impuissante *en présence du relâchement remarqué dans la discipline des*

(1) Tableau comparatif des principales marchandises importées en France pendant les années 1846, 1845, 1844, publié au *Moniteur* du 25 janvier.

ateliers et de la diminution du travail constatée sur les habitations. »

A Bourbon, le conseil colonial témoigne les mêmes inquiétudes, et voici comment il s'exprime :

« La parole ministérielle nous avait garanti, dans la loi du 18 juillet 1845, le progrès avec l'ordre, la réforme avec la conservation du travail.

« Ainsi placée dans un état intermédiaire qui, au moins, devait lui assurer le bénéfice du temps, et donner au pouvoir les enseignements de l'expérience et de la réflexion, la colonie avait le droit d'espérer que les ordonnances royales, complément nécessaire de cette loi, auraient la même tendance et le même caractère.

« Les colons déclarent que leur attente n'a pas été remplie.

« Trois choses, dans ces ordonnances ont principalement fixé l'attention et provoqué les justes appréhensions des parties intéressées :

« 1° *La diminution du travail des esclaves* sans la constitution préalable du travail libre et salarié, et l'affaiblissement des garanties d'ordre public et de police générale ; 2° l'absence de toute pensée de compensation, en face des charges énormes imposées à la propriété et de toutes les pertes qu'on lui fait subir, précédent contre lequel elle ne peut trop se hâter de réclamer ; 3° *les conditions d'entretien de l'esclavage rendues tellement onéreuses, que la dépense obligatoire s'élève à peu près au chiffre du revenu net*, condition d'existence qu'aucune société, aucun établissement industriel n'ont jamais supportée. »

A la Guyane, le conseil répond au gouverneur : « L'ordre, dites-vous, règne dans les ateliers ; si l'ordre, monsieur le gouverneur, est l'absence du trouble et de l'anarchie, cela est vrai; mais l'ordre bien compris n'existe plus; *le travail a partout diminué*; l'esclave, loin de se rendre digne de la liberté, comme vous le pensez, se soustrait de jour en jour aux devoirs d'une servitude qui s'éteint pour lui. »

Ces déclarations, comme on le voit, sont partout les mêmes, elles émanent de corps officiels qui ne sauraient avoir aucun intérêt à jeter des inquiétudes dans les esprits, et elles méritent certainement quelque considération.

Sans doute on voudra opposer à ces appréhensions les rapports des gouverneurs de nos colonies qui, loin de signaler les dangers que nous craignons, se félicitent au contraire de la situation satisfaisante des pays qu'ils administrent; mais sans vouloir porter aucune atteinte à la capacité administrative de ces honorables fonctionnaires, qu'il nous soit permis de dire qu'ils sont, comme tant d'autres, sujets à l'erreur, et que leur spécialité de tenir aux colonies ne crée pas pour eux l'infaillibilité.

Chargés, en effet, d'une admininistration difficile et compliquée, il ne leur est pas donné d'entrer dans tous les détails, de pénétrer sur toutes les habitations, d'apprécier les mille moyens, les détours sans nombre par lesquels le nègre qui, aux termes de la loi devrait donner à son maître neuf heures et demie de travail par jour, parvient à ne lui en donner en réalité que cinq à six.

Pourvu que l'ordre règne à la surface, pourvu qu'aucune grave perturbation ne se manifeste dans les habitudes ordinaires du pays, le gouverneur croit avoir à s'applaudir de la situation, car il ne voit pas l'absence d'un travail régulier, cette plaie qui attaque peu à peu l'existence de la colonie qu'il administre.

C'est ainsi, en effet, que les choses se sont passées dans les colonies anglaises lors de l'émancipation, et si l'on consulte la correspondance des administrateurs de ces possessions avec le gouvernement de la métropole, on n'y trouve que des expressions de contentement sur la manière dont s'exécute la transformation sociale confiée aux soins de leur administration ; et cependant cet état de choses, en apparence si satisfaisant, n'empêchait pas la ruine des colons. Nous pourrions, à l'appui de cette assertion, citer le discours prononcé au parlement, le 22 mars 1842, par lord Stanley, ministre des colonies, discours dans lequel, après avoir relaté les rapports satisfaisants qu'il reçoit des gouverneurs des possessions britanniques sur la situation des pays dont l'administration leur est confiée, il termine par ces paroles remarquables, et qui s'appliquent parfaitement à la circonstance qui nous occupe :

« Mais cependant je ne puis pas m'aveugler au point de ne « pas reconnaître que ce changement (l'émancipation) produit « des conséquences toutes différentes dans la position des « planteurs qui sont aujourd'hui entièrement ruinés, et ont « vu périr tout le capital qu'ils possédaient. Leur état de « souffrance est tel qu'il en peut résulter les conséquences « les plus fâcheuses pour les intérêts de l'empire britannique, « si le parlement ne s'occupe d'écarter les malheurs qui les « menacent. »

Ainsi, comme on le voit, les rapports satisfaisants des gouverneurs des colonies anglaises n'empêchaient pas la ruine des propriétaires, et loin de chercher à dissimuler cette funeste situation, le ministre responsable venait l'exposer avec franchise au parlement, et lui demander de venir au secours des malheureux colons.

Cet exemple, nous osons l'espérer, ne sera pas perdu, et

l'on reconnaîtra que si d'un côté il peut y avoir des inconvénients à exagérer le malaise de la situation, il se trouverait d'autre part de véritables dangers à vouloir se le dissimuler. Nous avons trop de confiance dans la sagesse du gouvernement du roi pour n'être pas convaincu qu'il saura s'affranchir d'un optimisme imprudent, aussi bien que se garder d'accueillir des craintes et des inquiétudes qui ne seraient pas justifiées.

Ainsi, nous le répétons, la loi du 18 juillet 1845, premier pas vers l'émancipation, a créé dans les colonies une situation nouvelle dont les effets se font sentir dès aujourd'hui sur la production, et devront d'autant plus en déplacer les conditions qu'on avancera davantage dans le système qu'elle a inauguré. Les conséquences inévitables de cette situation seraient de rendre très prochainement la production impossible dans ces possessions, si le gouvernement ne se hâtait, par de nouvelles mesures économiques relatives au commerce des sucres, de venir à leur secours.

Se refuser à reconnaître cette situation ou même ajourner la résolution qu'elle commande, serait compromettre le sort des dernières possessions coloniales qui restent à la France ; ce serait également mettre en doute le succès d'une œuvre qu'il importe à la dignité, à l'honneur national de mener à bien.

Le gouvernement du roi ne saurait vouloir accepter une pareille responsabilité.

C'est dans cette conviction que nous allons exposer le nouveau système économique qu'il nous semble utile de substituer au régime d'impôt créé par la loi du 3 juillet 1843 pour régler la question des sucres. Nous chercherons dans ce travail, ainsi que nous l'avons dit, à faire la part de tous les intérêts. Nous aurons continuellement présentes à l'esprit les graves discussions dont cette question a été l'objet dans le sein des chambres il y a à peine quatre ans, et nous n'oublierons pas qu'il s'agit de concilier l'existence de la sucrerie indigène avec le développement de notre puissance navale, la prospérité de l'industrie de la raffinerie, la conservation de nos colonies et le succès des réformes sociales que l'on y prépare.

---

§ III.

Du sucre indigène.

Six faits principaux dominent aujourd'hui la question des sucres et demandent à être pris en considération :

1° La production du sucre indigène et les conditions dans lesquelles elle s'opère ;

2° La production du sucre colonial et les charges nouvelles qui lui sont imposées par la loi sur le régime des esclaves ;

3° Le chiffre du droit qui frappe les deux productions et ses effets sur l'état de la consommation ;

4° La surtaxe imposée sur les sucres bruts blancs ou cassonades ;

5° Le droit à la consommation des sucres étrangers ;

6° Le drawback, et les conditions de la restitution des droits à l'exportation des sucres raffinés.

Nous allons examiner successivement ces différentes questions, et nous proposerons les moyens de les résoudre avec le plus d'équité.

On a vu que la loi du 2 juillet 1843, bien loin d'atteindre le but que l'on désirait, *la limitation* de la production indigène, n'avait fait que mettre au grand jour le degré de puissance auquel était parvenue cette industrie, qui porte dans son sein le germe de la déchéance politique de la France. Il s'agit donc de trouver un *nouveau système* qui, en consacrant son existence, suivant le vœu des chambres, puisse l'empêcher de compromettre les plus graves intérêts du pays.

Jusqu'à ce jour, trois différentes combinaisons se sont présentées à l'esprit des personnes qui ont étudié cette question.

La première, proposée dès 1840 par M. le ministre des finances, et qui a fait l'objet du projet de loi de 1843, consistait à interdire entièrement la fabrication dans l'intérieur du royaume, en indemnisant les intérêts déjà engagés dans cette industrie. Certes, nous pensons encore que c'était là le moyen le plus simple et le plus conforme aux intérêts généraux du pays; mais les pouvoirs publics s'étant prononcés à cet égard, nous ne reviendrons pas sur cette proposition.

Une seconde proposition aurait consisté à tenir compte au sucre colonial, dans le chiffre de l'impôt, de la position défavorable que lui valait son éloignement du marché métropolitain, et des frais de transport qu'il avait à supporter pour y être amené. On l'aurait dégrevé de la somme de ces frais du lieu de production jusqu'au port de mer d'arrivée, le transport sur Paris et les autres frais lui étant communs avec le sucre indigène. Ce dégrèvement se serait élevé à peu près à 10 fr. par 100 kilogrammes.

Appuyée sur un pareil motif, nous ne pensons pas que la proposition eût aucune chance de succès. Il serait, en effet, difficile de faire admettre que parce que des industriels se trouveraient placés dans des conditions de production plus favorables, parce qu'ils auraient mieux su comprendre les conditions dans lesquelles ils devaient fonder leur industrie, ils dussent pour cela même acquitter un impôt plus élevé. Pourquoi alors n'aurait-on pas accordé la même faveur à ces nombreuses fabriques répandues dans tous les départements du royaume, que le nouvel impôt établi par la loi de 1843 a condamnées à périr? Elles eussent certainement été en droit de réclamer aussi le bénéfice de ce principe.

Mais à côté de ces motifs tirés des principes de l'équité,

qu'on ne peut faire fléchir que devant ceux plus puissants de la force et de la grandeur de l'État, se trouve encore le doute sur l'efficacité de la mesure.

Qui donc, en effet, pourra prétendre connaître aujourd'hui à quel prix se produit le sucre de betterave, après toutes les déceptions par lesquelles les fabricants nous ont fait passer? Ne les entendions-nous pas, lors de la première loi d'impôt sur leur industrie, s'écrier que cette taxe de 5 fr. devait les ruiner et amènerait la clôture de toutes les fabriques? et pourtant l'impôt fut établi et l'industrie continua à se développer. En 1840, quand il fut question d'élever l'impôt à 25 fr., un honorable général, membre de la chambre élective, ne disait-il pas que dans de telles conditions, il faudrait être possédé de la monomanie de fabriquer du sucre de betterave, pour continuer à en produire? Et pourtant l'impôt de 25 fr. fut voté, et les fabricants continuèrent à s'enrichir! Enfin, lorsque surgit la proposition d'élever la taxe au chiffre de celle acquittée par le sucre colonial, n'entendit-on pas de la part des fabricants et de leurs soutiens les mêmes plaintes et les mêmes doléances? Cette loi devait être, à leur dire, le dernier coup porté à leur industrie, et cependant elle est en pleine prospérité, et elle menace plus que jamais l'existence du sucre colonial. Qui donc, après une pareille expérience, pourrait fixer le chiffre du prix de la production et établir la dernière limite de rabais à laquelle elle devra s'arrêter?

Mais malheureusement encore, là n'est pas toute la question, et à côté de la prospérité du sucre indigène se trouve la situation contraire du sucre colonial, et à mesure que la première de ces productions voit, par les avantages de sa position, s'abaisser son prix de revient, la seconde, au contraire, est forcément entraînée, par les dispositions du gouvernement relatives à l'esclavage, à voir augmenter ses frais de production.

En 1843, lorsque l'on prétendit régler définitivement les conditions d'existence des deux sucres, la peréquation de l'impôt pouvait peut-être établir entre eux des conditions de viabilité assez exactes, mais c'était sous cet engagement qu'aucune mesure du gouvernement, aucun acte public ne viendrait altérer leur position respective. Or, c'est tout le contraire qui est arrivé; et à peine la loi de 1843 était-elle rendue, que celle de 1845 venait déplacer l'équilibre que l'on avait cherché à établir. En admettant donc que pour le moment la proposition d'une surtaxe sur le sucre indigène dût avoir l'effet attendu de pondérer les deux industries, ce ne serait toujours là qu'un expédient dont l'effet ne serait que momentané et qu'il faudrait abandonner dès que le gouvernement ferait un pas de plus dans la voie de l'émancipation.

Comment alors procéder par surtaxes, pour équilibrer la position, quand chaque année pourrait amener une nouvelle perturbation? Comment obtenir des chambres de régler les nouvelles situations qui viendraient à se produire? Nous ne pensons pas que ce système pût avoir aucune chance de succès devant les pouvoirs législatifs, et nous nous abtiendrons, par conséquent, de le recommander à l'attention du gouvernement.

Un troisième moyen, celui de faire la part aux deux productions, avait été indiqué et mis à l'étude des personnes qui se sont occupées de la question. Ce système se trouve mentionné par M. le ministre du commerce et de l'agriculture, dans son exposé des motifs du 11 janvier 1843. Voici en quels termes il est exposé :

« Un second système était indiqué : on a proposé de conserver les sucreries existantes en leur imposant, pour maximum de fabrication, le montant constaté de leur production actuelle avec interdiction de tout établissement nouveau. On calculait que la production licite renfermée ainsi dans la limite de 30 à 40 millions de kilogrammes, laisserait à la culture coloniale un débouché de 80 à 90 millions, qui s'étendrait avec les progrès de la consommation, et qui pourrait, par conséquent, procurer aux colons des placements plus assurés, des prix de vente mieux proportionnés à leurs besoins. Nous avons examiné ce système attentivement ; *sans méconnaître les avantages qu'il présenterait,* il nous a paru entaché d'un vice capital : le privilége exclusif d'une industrie conféré à un nombre limité d'individus. »

Certes, à l'époque où la question était agitée, sans partager les motifs de répulsion du ministre, nous aurions été de son avis pour laisser ce système de côté et lui préférer celui de l'interdiction, qui avait ce double avantage de rendre à notre marine les trente mille tonneaux que la production indigène lui enlevait alors, et de décider la question sans retour. Mais aujourd'hui que les chambres se sont prononcées sur la question, aujourd'hui que leur intention bien connue a été de consacrer l'existence de la sucrerie indigène dans les conditions que nous avons exposées, le retour à ce système n'est-il donc pas indiqué par le bon sens et par une juste appréciation des dispositions de l'opinion publique et des pouvoirs législatifs?

Nous avons examiné la question sous toutes ses faces, dans tous ses rapports avec les intérêts qui y sont engagés, et nous sommes demeurés convaincus que, devant l'insuffisance bien démontrée de la loi du 2 juillet 1843, le système de *la limita-*

tion de la fabrication indigène, tel qu'il a été exposé par M. le ministre du commerce et de l'agriculture, était le seul auquel on pût s'attacher aujourd'hui, le seul qui offrît une garantie certaine sans froisser les intérêts existants, le seul enfin qui, par cela même, fût de nature à avoir tout succès devant les chambres.

Seulement nous aurions à y proposer une modification importante, et cette modification lui assurerait, nous en sommes convaincu un meilleur accueil devant les pouvoirs publics. Elle consisterait à accorder aux fabriques dont l'existence serait consacrée, une certaine marge pour le développement de leur production, afin d'éviter les réclamations qu'elles seraient en droit d'élever, si on venait brusquement poser pour dernière limite à leurs opérations la production qui aura été constatée pendant la présente campagne.

Cette marge pourrait être fixée à un quart en sus de leur production actuelle, et les renseignements que nous nous sommes procurés nous donnent lieu de penser que ce chiffre proportionnel donnerait une complète satisfaction aux intérêts engagés; car nous ne supposons pas qu'il existe une seule fabrique dont l'outillage fût destiné à une production supérieure au quart en sus de ce qu'elle a produit pendant la présente campagne.

Il résulterait de l'adoption de ce système, que le nombre des fabriques autorisées dans le royaume serait fixé à 296, chiffre constaté de celles qui ont été en activité pendant la campagne de 1846 à 1847; et la production s'étant élevée à 45 millions de kilogrammes, en leur accordant un quart en sus pour la marge de leur développement, elle pourrait atteindre dans quelques années le chiffre de 60 millions; mais ce serait là son dernier effort, et ce chiffre ne pourrait jamais être dépassé.

Par ce moyen, la question si délicate, si controversée de l'existence des deux industries, serait définitivement réglée; la sucrerie indigène serait constituée sur des bases solides, inébranlables; mais elle ne menacerait plus par son extension immodérée de faire naître dans le commerce des sucres les perturbations que son état laisse entrevoir pour une époque peu éloignée.

Nous avons dit que cette solution devrait réunir les sympathies des nombreux intérêts engagés dans la question, et si nous les interrogeons tous, nous n'en voyons pas un seul, en effet, qui ne doive lui apporter son concours empressé.

Nous adresserons-nous, par exemple, aux producteurs de sucre de betterave? Bien loin d'avoir à se plaindre, ils trouveront dans cette combinaison sécurité et avenir : tous les intérêts ne sont-ils pas en effet satisfaits par la reconnaissance et la consolidation des fabriques existantes? Et leur avenir n'est-il donc pas garanti contre les dangers d'une concurrence qui a déjà produit de si funestes effets.

Il est vrai que nous fixons une limite au développememt de leurs facultés productives; mais si l'on veut examiner sérieusement la question, on reconnaîtra que la marge d'un quart en sus que nous proposons d'accorder pour l'extension de leur production, est assez large pour satisfaire toutes les ambitions, et qu'il est probable même que dans une situation ordinaire avec la liberté de l'industrie, il est fort peu de ces établissements qui dussent atteindre le chiffre de la production qui leur sera assignée.

Nous n'ignorons pas cependant qu'il est aujourd'hui telle fabrique dont la production s'est élevée pendant la dernière campagne, jusqu'au chiffre de 555,000 kilog., mais il est fort douteux que les 296 qui sont en activité soient en voie d'atteindre ce développement, et grand nombre d'entre elles se bornent à se maintenir dans un état de médiocrité qui suffirait pour nous tranquilliser, quant à l'exagération de la production, si nous n'avions pas à craindre la création de nouveaux établissements.

Il ne faut pas croire, en effet, qu'il soit donné à toutes les entreprises industrielles d'atteindre le même degré de prospérité; l'inégalité est dans les choses aussi bien que dans les personnes; elle tient à mille circonstances diverses que nous ne chercherons pas à indiquer ici, mais qui n'en existent pas moins, et que l'on retrouve partout. Pour ne citer que quelques exemples, nous dirons que sur les 155 raffineries qui existent dans le royaume, on sait qu'il en est dont la production atteint le chiffre de 3 millions de kilogrammes par année, tandis que le plus grand nombre se contente d'une production de 4 à 500,000 kil. Telle filature de coton emploiera annuellement jusqu'à 5,000 balles de coton, tandis que telle autre n'en consommera que 500. Rien cependant ne semblerait devoir s'opposer à ce que ces entreprises eussent toutes à peu près le même développement.

Il est en outre une autre considération qu'il ne faut pas perdre de vue, et qui est toute spéciale à la question qui nous occupe; c'est que dans les conditions obligatoires de prospérité pour la sucrerie indigène, il faut rencontrer la betterave à bon marché, ce qui exige nécessairement qu'elle soit plantée à une petite distance de la manufacture. Or, le développement de la production d'une fabrique ne pouvant avoir lieu qu'avec une augmentation proportionnée de culture, cette condition entraîne évidemment un plus grand éloignement de la matière première du lieu de sa fabrication et conséquemment des frais de transport qui en augmenteraient la valeur.

D'un autre côté, il ne faudrait pas croire que dans une commune rurale on puisse indifféremment employer autant de terrain qu'on le voudrait à une seule destination; il existe au contraire une infinité de besoins qu'il faut penser à satisfaire, et qu'il n'est pas permis de sacrifier aux caprices de la spéculation. Il résulte de cette situation, que là où une fabrique de betteraves a rencontré jusqu'à ce jour cent hectares de terres à cultiver pour s'alimenter, elle en trouverait peut-être fort difficilement cinquante autres pour fournir à l'augmentation de sa fabrication.

La statistique agricole de la France nous a fait connaître que 25,132 hectares de terrain avaient été livrés, dans le courant de l'année 1845, à la culture de la betterave à sucre, tandis que l'année 1846 n'en a employé que 25,020. Cette diminution dans l'étendue des terrains livrés à cette destination, bien que légère, est cependant une preuve à l'appui de ce que nous avançons, car dans la situation de l'industrie, on aurait dû s'attendre à une augmentation de culture plutôt qu'à une réduction.

Ainsi, nous pensons être en droit de dire que *la limitation* de la production des fabriques dans les conditions que nous avons proposées, ne portera aucun préjudice aux intérêts déjà créés.

Serait-ce la navigation qui aurait à se plaindre? Bien loin de là, et on peut être certain de son appui, car elle trouvera dans cette mesure une garantie contre le danger de se voir enlever un des éléments les plus indispensables à son existence, le transport des sucres.

Certes, il est fort regrettable d'être obligé de consacrer l'existence d'une production de 60 millions représentant, pour l'aller et le retour, un mouvement maritime de 120 mille tonneaux, c'est-à-dire l'occupation annuelle de 250 de nos navires ordinaires du commerce; mais, malheureusement, c'est un fait contre lequel on se roidirait inutilement, puisque les pouvoirs publics ont voulu la coexistence des deux sucres; il faut donc accepter la situation telle qu'elle se présente, et éviter qu'elle ne puisse devenir plus mauvaise. Or, il est évident qu'avec le développement de cette industrie tel qu'il se manifeste, la navigation n'aurait bientôt plus un seul tonneau de sucre à transporter dans la métropole, entièrement alimentée par la sucrerie indigène. Il faut donc ici, comme on dit vulgairement, savoir faire la part du feu, et c'est à quoi tend notre proposition.

Quant aux colonies, leurs intérêts se joignent à ceux de la navigation; ils sont identiques. Encore plus qu'elle, les colonies souffrent de l'existence du sucre indigène qui, à l'abri de la protection injustifiable dont il a joui pendant quinze ans, les a, en quelque sorte, déjà ruinées, et les menace aujourd'hui d'une destruction prochaine. Elles trouveront, sans doute, dans la mesure que nous proposons, un abri contre ce dernier malheur, si on la combine avec d'autres dispositions, de nature à faciliter l'augmentation de la consommation, que nous aurons à exposer dans la suite de ce mémoire.

Serait-ce enfin les divers intérêts engagés accessoirement dans la sucrerie indigène, et qui, dans la discussion de la loi de 1843, avaient éveillé la sollicitude d'une partie de la chambre, qui auraient à souffrir de la disposition que nous proposons? Mais, bien loin d'avoir à se plaindre, ils n'auraient au contraire qu'à se féliciter d'une mesure qui, en assurant l'existence de la sucrerie indigène, lui laisserait une grande latitude pour se développer, et par cela même leur offrirait des garanties d'une prospérité assurée.

Nous croyons donc pouvoir conclure de cet examen, que, si le gouvernement se décidait à accueillir notre proposition et à la formuler en un projet de loi présenté aux chambres, tous ces divers intérêts dont nous venons d'examiner la situation, se grouperaient pour appuyer et faire réussir une combinaison qui leur offrirait, à tous, la paisible possession d'une situation qui, tôt ou tard, pourrait se trouver compromise.

Tout semble donc concourir à faire réussir le système que nous présentons, et nous n'y voyons véritablement aucun obstacle matériel. Reste donc seulement contre nous le principe de la liberté des industries, mentionné par M. le ministre du commerce, et devant la puissance duquel il aurait été arrêté lors de l'examen de la question. Certes, nous ne nous dissimulons pas la gravité de cette objection; mais nous ne partagerons pas cependant les scrupules de M. le ministre, et nous croyons pouvoir la repousser victorieusement.

Et, d'abord, nous dirons que nous comprenons difficilement que l'on vienne invoquer le principe de la liberté industrielle, dans un pays où précisément les industries et le commerce sont constitués sous le régime de la protection, et ne peuvent se soutenir que dans ces conditions ! Que sont, en effet, nos lois de douanes, sinon une protestation de tous les instants contre le principe de la liberté, et la constatation manifeste qu'en cette matière il ne saurait y avoir de principe absolu? Si donc on s'en écarte dans un point aussi important, parce que l'intérêt public l'exige, pourquoi ne serait-il pas aussi permis de s'en affranchir dans une question qui, comme nous l'avons dit, intéresse au plus haut point la puissance de la France ?

Mais nous serait-il donc si difficile de citer des exemples d'une situation pareille ? Par exemple, notre législation sur la culture du tabac ne va-t-elle pas beaucoup plus loin que ce que nous proposons, puisque ce n'est pas seulement à l'industrie qu'elle fait obstacle, mais à l'agriculture elle-même ? Sans doute on nous répondra que c'est ici le gouvernement qui, en résumé, exploite ce privilége dans l'intérêt de tous, et nous comprenons que l'analogie n'est pas parfaite ; mais, toutefois, on ne saurait nier qu'il y ait eu violation du principe de liberté, et dès-lors on ne saurait plus l'invoquer pour la question qui nous occupe.

Et, d'ailleurs, n'existe-t-il donc pas, dans nos différentes industries, des assimilations à la situation qui nous occupe ? Que sont, en effet, les charges d'agents de change, d'avoués, de notaires, sinon des priviléges créés dans ces industries au profit de ceux qui les exploitent ? Enfin nous citerons comme dernier exemple la constitution de l'imprimerie, industrie dont l'exploitation, dans la capitale, a été enlevée à la libre concurrence, et confiée aux mains de quatre-vingts industriels privilégiés qui n'ont point à redouter les dangers du principe de liberté, et peuvent, en se conformant aux lois qui les régissent, exploiter en toute sécurité le brevet qui leur est concédé (1).

Certainement, et nous le comprenons, il a fallu de puis-

(1) Le décret impérial du 5 février 1810 fixe à 80 le nombre des imprimeurs dans la capitale, et exige, pour pouvoir exercer cette industrie, de justifier de sa capacité et de bonne vie et mœurs.

La librairie est soumise à ce même règlement, et nul ne peut s'établir libraire, s'il n'est pourvu d'un brevet délivré par le gouvernement.

sants motifs d'ordre et d'intérêt public, pour que l'on se soit décidé, dans ces différents cas, à faire fléchir la rigueur des principes ; mais toujours est-il que l'on n'a pas reculé devant cette nécessité quand elle a été suffisamment démontrée. Or, ces motifs furent-ils jamais plus puissants et mieux reconnus que dans la question qui nous occupe, où il s'agit, comme personne ne le conteste, de la puissance de la France ?

Aussi, nous le répétons, la question de principe ne doit aucunement arrêter le gouvernement, parce qu'elle est dominée ici par l'intérêt public devant lequel doit fléchir toute autre considération, et nous sommes convaincus que si la question était posée de cette manière devant les chambres, il s'y trouverait une immense majorité pour la résoudre conformément à nos idées.

---

§ IV.

Du sucre colonial.

Cette première question vidée, et nous la considérons comme la plus importante, comme la clef de voûte de l'édifice de la loi des sucres, nous examinerons successivement toutes les autres parties de la question, et nous chercherons à les coordonner de manière à offrir un ensemble de dispositions propres à former une nouvelle législation complète de la question des sucres.

Le premier intérêt à examiner, après avoir réglé la situation du sucre indigène, est sans contredit la situation du sucre colonial, et les conditions de sa production.

Ici, tout d'abord, un fait est à remarquer, qui aurait dû, depuis long-temps, frapper l'attention des personnes qui se sont occupées de la question, c'est la franchise, la vérité des déclarations des organes des colonies dans l'appréciation du prix de revient du sucre colonial. Suivant que cette industrie a prospéré, on les a vu suivre les progrès de cette prospérité et réduire graduellement le minimum du prix de revient de la production. Ainsi, en 1828, lors de l'enquête qui eut lieu, les colons qui furent entendus demandaient 30 fr. par 50 kilogrammes, comme prix rémunérateur de leur industrie, et certes, alors ce chiffre n'était pas trop élevé, et les industriels les plus habiles pouvaient seuls s'en contenter. Depuis lors, les procédés industriels s'étant améliorés, on les a vu réduire progressivement leurs prétentions jusqu'en

1843, époque à laquelle ils déclaraient pouvoir se contenter du prix de 24 fr. par 50 kilogrammes de sucre pris aux lieux de production.

C'est au surplus la justice que leur rendait l'honorable M. Dumon, lorsque le 17 mai 1843, il s'exprimait dans les termes suivants à la tribune de la chambre :

« Ce que l'industrie coloniale a fait, l'industrie indigène a pu le faire ; or, l'industrie coloniale a abaissé en 15 ans son prix de revient de 35 pour 100 ; que le sucre indigène fasse le même progrès. »

Ce fut donc cette base de 24 fr. par 50 kilogrammes qui fut acceptée en 1843 pour régler la position des deux sucres, et il fut admis que le prix du sucre colonial se décomposait ainsi qu'il suit pour 50 kilogrammes.

Prix de revient aux colonies.	24 fr.	
Frais de transport et de commerce des colonies à l'entrepôt du Havre.	12	50 c.
Valeur de 50 kilogr. de sucre à l'entrepôt	36	50

Quant au sucre indigène, il était moins facile de savoir à quel chiffre s'arrêter pour le coût de sa production, et les déclarations des intéressés étaient si peu d'accord entre elles, que la chambre, flottant dans le doute, dût, en quelque sorte, le fixer d'office. Voici, en effet, comment s'exprimait à cet égard l'honorable M. Passy :

« L'industrie indigène, et M. le ministre des finances en est convenu, a produit à 70 fr. les 100 kilogrammes.

« Quand j'entends des industriels admettre qu'ils produisent à 70 fr. les 100 kilogrammes, je dis qu'il y en a nécessairement qui produisent à moindre prix, et que 70 fr. n'est qu'une moyenne. Maintenant, je demande à quel prix le sucre colonial peut arriver dans les entrepôts? Suivant le projet de loi, il coûte 47 fr., et laisse les colons dans une position tolérable; si à 47 fr. vous ajoutez 25 à 26 fr. de frais de transport, les sucres des colonies se trouvent arrivés dans les entrepôts à 73 fr. Il y a donc de la marge pour celles des sucreries indigènes qui sont dans de bonnes conditions. »

On voit donc que la position des deux industries s'équilibrait à cette époque avec un petit avantage en faveur du sucre indigène. Or, la conclusion que les partisans de la libre concurrence auraient dû tirer de cette situation, devait être conséquemment de proposer dès-lors l'égalité de l'impôt; mais il n'en fut point ainsi, et ce fut encore là un de ces exemples fréquents où l'on voit la rigueur des principes fléchir devant les exigences des intérêts.

Toutefois, acceptant la position telle qu'elle leur était faite, les colonies auraient cherché à soutenir la lutte, et déjà elles y entraient avec énergie en s'emparant des nouveaux procédés de fabrication si utilement employés par la sucrerie indigène, en s'occupant d'améliorer leur agriculture, lorsque la loi de 1845 est venue détruire l'équilibre que l'on avait cherché à établir entre les deux industries et altérer les conditions d'existence de la sucrerie coloniale.

On conçoit, en effet, que des réformes de cette importance ne sauraient s'introduire dans le régime industriel, sans que les conditions de la production n'en soient vivement affectées. Que l'on veuille seulement réfléchir à l'effet que devrait produire dans nos manufactures une loi qui viendrait interdire aux ouvriers de travailler plus de neuf heures sur vingt-quatre, et obliger en même temps le manufacturier à accorder à ces mêmes ouvriers une augmentation de salaire de 10 à 15 p. 100? Ou nous nous trompons fort, ou ce jour-là, on verrait fermer les trois quarts des manufactures du royaume, et la France serait obligée de s'adresser à l'étranger, pour en obtenir ce qu'elle produit aujourd'hui avec abondance, à la satisfaction de tous les intérêts.

Eh bien! ce que personne n'oserait proposer de faire à l'égard des manufactures de la métropole, ce qu'on a vainement tenté d'introduire en faveur des enfants (1) dans les manufactures de l'Angleterre, s'est opéré dans nos colonies comme un fait tout naturel, simple en lui-même, et sans supposer même qu'il pût avoir aucune conséquence sur la production. C'est là, cependant, ce dont il faut savoir tenir compte aujourd'hui.

Nous pensons qu'il ne saurait y avoir de contestation à cet égard, et tout le monde reconnaîtra la justesse de ces réflexions. Ceci étant donc accordé, il ne nous restera plus qu'à apprécier en chiffres la valeur de cette différence de situation et à évaluer l'augmentation qui doit en résulter dans le prix de revient du sucre colonial.

Il nous serait difficile, on le conçoit, d'établir, avec une parfaite exactitude, la nouvelle position de l'industrie coloniale, et si nous devions en croire tous les avis que nous recevons, confirmés d'ailleurs par l'état des importations pour 1846 comparées à celles de 1845, on ne devrait pas fixer à moins d'un quart le renchérissement dans le prix du sucre colonial qui devra résulter de la nouvelle situation; mais nous ne prendrons pas ce premier résultat comme un état normal, et nous pensons qu'en agissant avec prudence et modération, on peut conjurer les premiers effets de la loi de 1845, et ra-

(1) Proposition de lord Ashley.

mener la production à n'offrir qu'une augmentation de 10 fr. par 100 kilogrammes sur le prix de revient de 1843.

Or, nous avons établi plus haut que l'honorable M. Passy le fixait à l'entrepôt du Havre à 73 fr. par 100 kilogrammes; ce serait donc aujourd'hui. . . . . 83 fr. »

Le prix de revient du sucre indigène était fixé par le même député, à. . . . . 70 »

En supposant qu'il n'eût pas diminué, et nous avons la conviction contraire, il existerait donc dès aujourd'hui, entre les deux productions, une différence de. . . . . 13 fr. »

dont il faut que la nouvelle législation sache tenir compte.

La positition des deux industries, indigène et coloniale, étant établie ainsi que nous venons de le faire, on remarquera que depuis 1843 il s'est opéré dans leurs conditions d'existence une transformation complète. Jusqu'à la loi de 1843, en effet, les conditions de la production du sucre colonial avaient toujours été parfaitement connues; on savait avec exactitude ce qu'il coûtait et les quantités que les possessions françaises étaient susceptibles d'en fournir à la métropole; aussi la taxe qui leur était imposée demeurait-elle en quelque sorte fixe et invariable. L'*inconnu* était alors le sucre indigène; on n'avait aucune donnée positive sur les conditions de sa production, rien de fixe sur son prix de revient; et si, d'un côté, les études des hommes compétents donnaient la certitude que cette industrie était, dès l'année 1836, en position de soutenir avec avantage la concurrence des sucres coloniaux, les producteurs, d'un autre côté, affirmaient que le plus petit impôt qui viendrait aggraver leur position, serait le signal de leur ruine et de la clôture de leurs fabriques.

Placé entre ces deux opinions le gouvernement avait cru devoir agir avec prudence, et le chiffre de l'impôt que dut acquitter cette production, se ressentant de cette incertitude, n'était arrivé que progressivement et par degré à égaler celui fixé depuis longtemps pour le sucre colonial.

Aujourd'hui on peut dire que la question est entièrement renversée, et alors qu'on est certain que la production indigène est assez solidement constituée pour acquitter une taxe de 45 francs par 100 kilogrammes et prospérer, on est dans le doute sur l'avenir de l'industrie coloniale, on ignore en quelque sorte à quelles conditions elle pourra se maintenir.

Nous avons déjà porté à 10 francs par 100 kilogrammes l'augmentation qui résulte dès aujourd'hui dans son prix de revient par le fait de la loi du 18 juillet 1845 ; mais qui nous garantit que la perturbation s'arrêtera à ce chiffre? N'est-il pas certain, au contraire, que chaque pas qui sera fait dans la voie de l'émancipation sera marqué par un nouveau déplacement dans les habitudes du travail et par une nouvelle hausse dans le prix du sucre colonial.

Il résulte donc de cette situation que les positions respectives des deux industries coloniale et indigène se sont complétement modifiées, et de telle sorte qu'aujourd'hui *le connu*, le point de la question qui se trouve résolu, c'est l'existence de l'industrie indigène parfaitement assurée quoi qu'il puisse arriver; tandis que *l'inconnu*, ce qui reste dans le doute, c'est l'existence de l'industrie coloniale, et les conditions qu'il s'agit de lui faire si l'on ne veut qu'elle périsse avant peu d'années.

C'est cette situation qu'il s'agit aujourd'hui de régler. Nous allons chercher à en indiquer les moyens; ils nous paraissent simples et semblent dictés par les précédents dans la question. Nous expliquons notre pensée.

Avant que l'on ne fût parvenu à apprécier sainement l'état de la sucrerie indigène, l'impôt qui, d'année en année, cherchait à l'atteindre avait été indécis, mobile, progressif, tandis qu'au contraire celui qui saisissait le sucre colonial était fixe et invariable. Aujourd'hui que les positions sont changées, il nous semble logique de retourner la question et d'appliquer l'impôt fixe, invariable au sucre indigène, et l'impôt mobile au sucre colonial, avec cette différence cependant que l'on devra procéder par réduction au fur et mesure que l'on pénétrera plus avant dans l'acte de l'émancipation, afin de permettre aux producteurs des colonies de supporter les conséquences de cette mesure.

Supposons, par exemple, que l'on prenne le chiffre actuel de 45 francs par 100 kilogrammes pour point de départ de l'impôt, il sera juste dès lors de tenir compte au sucre colonial des effets déjà produits par la loi d'émancipation sur son prix de revient; nous les avons évalués à 10 francs par 100 kilogrammes, et conséquemment il devra être fait une réduction de pareille somme sur le chiffre de l'impôt qu'il devra acquitter, lequel se trouvera ainsi fixé à 35 francs. Mais comme on doit s'attendre, ainsi que nous l'avons expliqué, à voir la production coloniale décroître progressivement et en même temps que s'élèveront les frais de production; *l'impôt colonial devra donc suivre une progression décroissante, afin d'équilibrer autant que faire se pourra la position des deux industries et d'empêcher que le sucre indigène n'écrase son rival.* Or, comme il serait impossible de venir chaque année présenter aux chambres une nouvelle loi pour suivre les fluctuations que présenterait le chiffre de la production coloniale, il conviendrait de rendre au gouvernement le droit dont il était investi, et que la loi de juillet 1840 lui a enlevé, de réduire par ordonnances royales les droits sur les marchandises d'importation ; de telle sorte que chaque année une ordonnance royale déterminerait le chiffre de l'impôt que devrait acquitter le sucre colonial, lequel serait basé sur l'état des quantités importées dans le royaume dans le cours de l'année écoulée.

Ainsi donc, prenant pour point de départ le chiffre de 100,000,000 kilogrammes, production normale des colonies avant la loi de 1845, et celui de l'impôt à 45 francs, tel qu'il existe aujourd'hui, toute réduction constatée dans la production devrait entraîner une réduction proportionnelle dans l'impôt, et il y serait pourvu par une ordonnance royale, rendue au 1er janvier de chaque année, dans les formes ordinaires, de telle sorte que le droit à acquitter serait toujours en proportion des quantités produites.

Ce système, comme on le voit, est simple et d'une exécution facile; il présente cet avantage de remettre aux mains du gouvernement, sans avoir besoin de recourir à l'autorité législative, les pouvoirs nécessaires pour paralyser en partie les perturbations économiques de l'émancipation.

Nous nous attendons à ce que l'on fasse à notre proposition le reproche de mettre à la charge du trésor public toutes les chances de l'émancipation, indépendamment de l'indemnité qui devra être payée aux colons pour la dépossession de leurs esclaves lorsqu'elle aura lieu. Notre réponse à cette objection sera bien simple, et nous nons bornerons à renvoyer nos contradicteurs à l'opinion de M. le duc de Broglie citée au commencement de ce Mémoire, qui se résume à consacrer la nécessité d'assurer aux colons un placement avantageux de leurs produits, quel que soit d'ailleurs le système d'émancipation qui sera adopté.

Recourons, ici, à l'exemple de l'Angleterre, et voyons ce qui s'y est passé.

On sait qu'à l'époque de l'émancipation la consommation en sucre du royaume-uni était entièrement alimentée par la production de ses colonies occidentales ; le sucre indigène y était inconnu ; les sucres étrangers, et même ceux de ses possessions de l'Inde, n'y étaient reçus que pour l'exportation ; c'était un véritable monopole dont les colonies occidentales étaient en possession. Les choses étant ainsi, on conçoit facilement que par suite de la diminution éprouvée dans la production de ces colonies, les besoins de la consommation n'ont pas pu être satisfaits, et que le prix du sucre a dû augmenter en raison de sa rareté. Voici, en effet, le tableau de cette progression que nous trouvons dans le rapport de M. le duc de Broglie.

TABLEAU

des quantités de sucre vendues en Angleterre, et des prix de vente depuis l'année 1834, époque des mesures relatives à l'émancipation des esclaves jusqu'à l'année 1841.

ANNÉES.	QUANTITÉS VENDUES.	PRIX DE VENTE PAR KILOGR.	PRODUIT DE VENTE.
1834	282,437,282	0,7242	161,813,279
1835	207,293,354	0,8226	170,519,512
1836	208,087,299	1,0052	209,169,352
1837	195,157,645	0,8513	166,137,703
1838	209,523,612	0,8290	173,695,674
1239	174,506,333	0,9642	168,229,006
1840	160,535,417	1,2083	168,600,644

Il est donc constaté que le prix du sucre qui, au moment de la loi d'émancipation, était sur le marché de la Grande-Bretagne à 72 fr. 42 c. les 100 kilogrammes en entrepôt s'est élevé peu à peu, et à mesure que la production diminuait dans les colonies mancipées, jusqu'au prix de 120 fr., et comme dans ce chiffre sont compris les frais généraux de transport évalués à 26 francs par 100 kilogrammes que l'émancipation n'a pu faire varier, il en résulte ce fait bien remarquable : qu'avant l'émancipation le planteur obtenait pour prix de revient, de 100 kilogrammes de sucre, 46 francs 42 c., et qu'après l'émancipation, il a obtenu 94 francs pour la même quantité. C'est cette circonstance seule, sur laquelle on cherche à fermer les yeux en France, qui a permis au producteur des colonies anglaises de supporter les temps difficiles, par lesquels il a dû passer, et de continuer à lutter contre une situation hérissée de dangers de toute espèce (1).

Pourrait-on, en France, compter sur une pareille élévation de prix? peut-on espérer faire payer au consommateur, ainsi

(1) Comme nous ne saurions apporter trop de preuves à l'appui des faits que nous avançons, nous citerons encore l'opinion d'un de nos économistes dont les opinions ont le plus d'autorité. Voici ce qu'on lit dans la brochure remarquable publiée, en 1843, sur la question des sucres par l'honorable M. Muret de Bord.

« Où en sont les Antilles anglaises, où est le fruit de 500 millions distribués aux planteurs à titre de rachat? Les plantations incomplétement, irrégulièrement cultivées à défaut de ces mêmes bras qui libres devaient fournir plus de travail qu'esclaves; la production rendue ruineuse, le sucre se vendant à la Guyane anglaise, en 1838 et 1839, 43 fr. 75 c. les 50 kilogr., pendant qu'à la Guyane française il se vendait 16 fr ; la consommation obligée de se restreindre devant cette hausse, et payant une seconde fois le tribut de l'émancipation dans le prix excessif de la denrée, voilà la situation. »

qu'en Angleterre, le renchérissement de la marchandise? évidemment non, puisque le sucre indigène sera toujours là pour arrêter la hausse en fournissant aux besoins de la consommation à des prix plus modérés? Comment, alors, voudrait-on que nos colons pussent, à l'égal de ceux de l'Angleterre, traverser, sans une ruine certaine, l'époque de crise dans laquelle ils sont déjà entrés ?

Or, ce qu'on ne saurait demander au consommateur, puisque l'on s'est placé dans l'impossibilité d'accorder le monopole du marché à la production coloniale, il faut bien le demander au trésor public, qui représente lui-même la France entière, car c'est la fortune de tous, et notre proposition ne tend pas à un autre but.

Dans cet ordre d'idées nous croyons que le système que nous venons d'indiquer est le plus simple et le plus praticable puisqu'il confie au gouvernement l'appréciation des situations et le moyen de régler avec équité les difficultés auxquelles on doit s'attendre.

---

§ V.

De l'impôt sur le sucre.

Nous pensons avoir clairement exposé la position des deux sucres, et la part qu'il convient de leur faire dans la nouvelle loi destinée à régler ce grand intérêt. Nos propositions se résument dans les deux dispositions suivantes. Pour le sucre indigène *la limitation de la fabrication*, si l'on veut éviter que cette production n'envahisse prochainement le marché de la France, et n'en chasse les produits exotiques au grand détriment de notre marine et de la puissance nationale. Pour le sucre de nos colonies *un droit mobile* en rapport avec les nouvelles charges que les dispositions relatives à l'émancipation devront imposer au producteur. Il nous reste, maintenant, à indiquer le chiffre de l'impôt qui devra atteindre la consommation de cette denrée, et à exposer les principes qui, suivant nous, doivent servir de guides pour la fixation de ce nouveau tarif.

S'il est, aujourd'hui, un principe que la science économique soit parvenue à établir avec la dernière évidence, c'est l'influence de la diminution des tarifs sur l'augmentation de la consommation des denrées alimentaires. Nous ne pensons pas avoir besoin d'apporter, à l'appui de cette assertion, les preuves nombreuses que la science économique pourrait nous fournir, et pour ne pas nous écarter de notre sujet nous nous bornerons à citer ce qui s'est passé en Angleterre à l'égard des sucres dans ces douze dernières années.

En 1834 la consommation du Royaume-Uni s'élevait à 213,000 tonneaux, et le droit par quintal était à 24 schillings (30 francs). Les conséquences de l'émancipation ayant été d'élever progressivement le prix des sucres, la consommation en fut vivement atteinte, et en 1840 elle se trouvait réduite à 160,000 tonneaux.

Le gouvernement justement alarmé de cette diminution dans une des principales sources du revenu public, recourut alors au remède de l'abaissement des tarifs. Il réduisit la taxe de 24 schillings à 14 schillings 4 deniers (17 fr. 50 c.) et l'on vit, dès ce moment, la consommation reprendre son cours ascendant. En 1845 elle était remontée à 245,000 tonnes et on l'évalue, pour 1847, à 280,000. Ainsi, l'on a vu dans une période de douze années la consommation suivre le mouvement du prix de la denrée et monter ou baisser suivant les fluctuations qui s'y faisaient remarquer.

Un autre fait a également été prouvé avec non moins d'évidence. C'est la tendance qui existe dans toutes les classes de la société à faire entrer la consommation du sucre dans les habitudes les plus ordinaires de leur alimentation. L'aisance qui se répand peu à peu dans toutes les populations y développant un meilleur régime hygiénique, rend aujourd'hui d'un usage journalier ce qui, autrefois, était considéré comme un objet de luxe, et tout porte à penser que la consommation du sucre devra pénétrer, chaque jour davantage, dans les classes les plus nombreuses de la société et prendre, par conséquent, un développement considérable.

Consultons, en effet, ce qui s'est passé, seulement depuis 1825, époque où les rapports réguliers avec les pays producteurs de sucre, ayant repris leur cours, les approvisionnements en cette denrée ont pu répondre aux besoins qui se manifestaient. Le tableau suivant, puisé à des sources officielles, nous fait connaître quel a été le mouvement de la consommation depuis cette époque jusqu'en 1846.

ANNÉES.	SUCRE COLONIAL.	SUCRE INDIGÈNE.	QUANTITÉS CONSOMMÉES.	Moyenne du prix du sucre raffiné pendant les 5 ans.
	kil.			le kil.
1825	56,080,506	«	56,080,506	2 fr. 46 c.
1830	76,884,944	6,000,000	82,884,944	2 16
1835	69,339,548	38,000,000	107,339,548	1 95
1840	78,445,086	22,748,201	101,193,287	1 90
1846	74,896,000	40,546,839	114,442,839	1 85

Ces chiffres constatent ce fait bien remarquable dans la question : que, dans une période de temps qui ne dépasse pas vingt années, la consommation, en sucre, du royaume aurait éprouvé une augmentation progressive égale au double du chiffre qu'elle présentait en 1825, et correspondante à une réduction de 25 p. 100 dans le prix de la marchandise. On est donc arrivé à cette conclusion, que s'il était possible de provoquer une nouvelle baisse dans le prix égale à celle qui s'est produite naturellement et par le seul progrès de l'industrie, les mêmes faits devraient se reproduire ; que l'on verrait nécessairement la consommation augmenter dans les mêmes proportions qu'elle a déjà suivies, et atteindre prochainement le chiffre de deux cent millions de kilogrammes, considéré aujourd'hui comme impossible.

C'est vers ce but, nous osons le dire, que doit tendre la nouvelle loi destinée à régler le tarif des sucres ; c'est cette tendance à consommer que l'on doit s'attacher à surexciter par des dispositions qui soient de nature à provoquer dans le prix un abaissement assez important pour mettre cette denrée à la portée des plus petites fortunes et en faire pénétrer l'usage dans les classes les plus nombreuses de la société. Or, il n'existe que deux moyens d'atteindre ce but, et ils résident dans un abaissement des tarifs combiné avec une protection mieux entendue de la production.

Malheureusement, il faut le reconnaître, on a jusqu'ici fait tout le contraire de ce que la science économique et l'expérience semblaient commander, et l'on s'est attaché par toutes les lois d'impôt rendues depuis quinze ans, à comprimer la tendance que nous avons signalée, et à éloigner de la portée de la classe la plus nombreuse des consommateurs une denrée alimentaire dont elle se montrait si disposée à adopter l'usage.

Que sont, en effet, nos tarifs de droits sur les sucres après une paix qui date de plus de trente ans? Absolument les mêmes que ceux fixés au moment où la guerre qui avait désolé l'Europe venait de finir. Les besoins de l'État avaient alors exigé qu'ils fussent élevés au chiffre de 45 fr. par 100 kilogrammes, et c'est encore ce même chiffre qui règle l'impôt du sucre aujourd'hui. Mais bien plus! on a même aggravé la situation, car lorsque par les perfectionnements de leur industrie, les producteurs étaient parvenus à obtenir des matières plus en rapport, par leur prix, avec les besoins du plus grand nombre de consommateurs, on s'est hâté de prohiber ces produits en leur imposant une surtaxe qui en a arrêté la production.

Voilà véritablement quel a été jusqu'à ce jour le système d'impôt qui a réglé le mouvement de la consommation du sucre ; nous le croyons aussi contraire aux vrais intérêts de l'État qu'à ceux des producteurs et des consommateurs, et nous osons dire que les temps sont venus de sortir d'un système condamné par tous les principes de la science économique pour rentrer dans la seule voie au bout de laquelle on puisse trouver la satisfaction de tous les intérêts.

Toutefois, en proposant une réduction dans les tarifs qui règlent aujourd'hui l'impôt des sucres, nous ne perdrons pas de vue quels sont les besoins actuels du trésor public, et combien il lui serait difficile de se prêter à une expérience qui pourrait, dans les premiers moments, produire un déficit important dans ses recettes. Prenant donc cette situation en sérieuse considération, nous bornerions en ce moment notre demande à une réduction sur le chiffre de l'impôt, si minime qu'elle pourrait être considérée plutôt comme la consacration d'un principe, que destinée à produire un grand résultat économique. Cette réduction se bornerait en effet à fixer à 40 francs le chiffre principal de l'impôt qui est aujourd'hui de 45 fr. Mais cependant quelque modérée que puisse paraître cette réforme, nous en attendrons les effets les plus satisfaisants; si elle est combinée, ainsi que nous l'avons dit, avec une protection mieux entendue de l'industrie, qui se formulerait dans la suppression des surtaxes qui atteignent les sucres provenant d'une fabrication plus soignée et désignés sous le nom de bruts blancs.

D'après ces considérations, et nous appuyant également sur celles que nous avons fait valoir relativement aux colonies, le droit principal à acquitter par le sucre indigène, sans distinction de nuances, serait fixé à 40 fr.

Le droit à acquitter par le sucre de nos colonies, sans distinction de nuances, éprouverait en outre la réduction de 10 francs nécessitée par le fait de l'émancipation et serait fixé à 30 fr.

Les sucres de Bourbon continueraient à jouir de la faveur dont ils sont en possession aujourd'hui comme compensation des frais d'une navigation plus éloignée.

§ VI.

De la surtaxe sur les sucres bruts, blancs ou cassonades.

La quatrième proposition à examiner, la surtaxe imposée sur les produits d'une industrie perfectionnée, acquiert aujourd'hui un intérêt d'autant plus vif dans la question, qu'elle en forme un complément indispensable, et demande à être résolue dans la pensée d'ensemble qui sert de base à ce mémoire.

Si nous en devions juger par la facilité avec laquelle le gouvernement s'est laissé imposer le funeste système de surtaxe dans lequel il est entré depuis la loi du 18 avril 1834, nous serions portés à croire que l'importance de cette question lui aurait échappé jusqu'à ce moment, et, cependant, elle nous semble à plus d'un titre mériter toute son attention. Lors du projet de loi sur les primes à donner pour l'exportation des sucres, le ministre du commerce, dans son exposé des motifs du 21 décembre 1833, constatait en ces termes l'existence des produits perfectionnés de nos colonies et les intentions du gouvernement :

« Les sucres bruts blanchis et mieux décantés, que nos colonies commencent à nous envoyer, ne seront pas distingués des sucres bruts bruns qui sont plus chargés de mélasse et qu'on obtient par les anciennes méthodes. L'uniformité des droits excitera les colons à étendre l'emploi des nouveaux procédés, etc. »

On sait comment ces heureuses inspirations furent écartées sur un simple amendement de M. Reynard, qui imposa sur ce genre de produits désignés sous le titre de sucres bruts blancs, une surtaxe prohibitive de 15 fr.

En 1838, le gouvernement revenant aux principes qu'il avait adoptés sur la question, proposa un projet de loi spécial pour dégrever les sucres bruts blancs de la surtaxe qui les frappait. Ce projet vint échouer devant la commission de la chambre des députés, chargée de son examen. Nous ne voulons pas discuter ici les motifs que fit valoir cette commission, et nous nous contenterons de dire qu'ils sont généralement puisés dans des considérations erronées, et dont la science a depuis longtemps fait justice.

Enfin, en 1843, ce fut la commission de la chambre des députés qui prit l'initiative de la proposition, et voici comment s'exprime le rapport de l'honorable M. Gauthier de Rumilly :

« Une amélioration législative, qui a fixé l'attention de la commission dans l'intérêt des colonies et de leurs progrès, est la surtaxe qui frappe les perfectionnements des colons sur les sucres. L'administration de la Guadeloupe a demandé cette amélioration comme un moyen puissant de prospérité réclamé par les colonies. La commission, toute disposée à favoriser l'industrie coloniale en favorisant la sucrerie indigène, en fait la proposition. »

Mais ici, par une de ces anomalies que l'on ne saurait vraiment expliquer, ce fut le gouvernement qui, par l'organe de M. le ministre des finances, repoussa la proposition, et ce qui est encore plus fait pour étonner, c'est que ce fut l'intérêt des colonies que l'on fit valoir pour s'opposer à une mesure dont les conséquences devaient être nécessairement de développer leur industrie et de faciliter l'écoulement de leurs produits.

Certes, nous ne voulons pas mettre en doute l'intérêt que porte M. le ministre des finances à nos possessions coloniales; mais nous croyons que, dans cette circonstance, il a été bien mal informé, et que les dangers qu'il entrevoyait pour l'industrie coloniale ne pouvaient balancer les bienfaits qui seraient découlés de l'augmentation de la consommation que cette mesure eût assurée, en amenant une forte réduction dans le prix du sucre.

Et, en effet, les conséquences de la surtaxe imposée sur les sucres bruts blancs ayant été, comme nous l'avons dit, d'en arrêter la fabrication, il en est résulté que les colonies n'ont plus envoyé en France que des sucres bruts de qualité tellement inférieure, qu'il a toujours fallu les faire passer par la raffinerie avant de les livrer à la consommation. Or, personne n'ignore que le résultat de cette double opération est encore aujourd'hui de produire dans le prix de cette denrée une augmentation de 35 pour cent, laquelle a dû nécessairement être supportée par le consommateur. Si au contraire l'industrie des colons ne se fût pas trouvée comprimée dès sa naissance par cette mesure irrationnelle, et que l'on a appelée à bon droit un *impôt sauvage*, il n'est pas douteux que les procédés propres à ce genre de fabrication se seraient développés peu à peu, que les habitudes dans l'industrie se seraient contractées, et que les colons pourraient importer aujourd'hui des sucres propres à entrer directement dans la consommation au même prix qu'ils demandent pour le sucre brut.

Les industries, chacun le sait, ne s'improvisent pas tout à coup; les premiers essais en sont longs et dispendieux; mais peu à peu, l'expérience s'acquière, les procédés se simplifient, et bientôt on parvient à produire dans la double condition du bien et du bon marché. C'est ce qui serait arrivé sans aucun doute pour le sucre brut blanc, sans la surtaxe qui en a arrêté la production.

Il n'est pas douteux que la survalue produite par cette mesure n'ait eu pour effet de comprimer d'une manière regrettable la tendance qui existe dans les classes ouvrières à faire usage du sucre, et n'en ait arrêté le développement de la consommation. Or, si ce funeste résultat est reconnu, et nous pensons que tout le monde s'accorde à cet égard, la raison et les vrais intérêts publics n'exigent-ils donc pas que l'on renonce à un système condamné aujourd'hui par l'expérience aussi bien que par les principes.

Supposons en effet que, conformément à nos propositions développées dans les précédents chapitres, le droit sur le sucre colonial soit réduit à 30 fr., en y comprenant le décime, 33 fr., et ajoutons à cette réduction la suppression des surtaxes sur les sucres granulés sépérieurs aux premier et deuxième types. Dans l'état de l'industrie, nous évaluons qu'ils pourraient arriver dans nos entrepôts à raison de . . . . 94 fr.

Droits d'entrée. 33

Et par conséquent être livrés à la consommation à. . . . . 127 fr.

Les classes ouvrières pourraient donc consommer des sucres d'excellentes qualités à 65 ou 70 cent. le demi-kilogramme, quand aujourd'hui, par la combinaison de nos tarifs, elles sont obligées de payer le demi-kilogramme de sucre raffiné, 85 et 90 centimes. N'est-il donc pas évident que cette réduction de 20 cent. par demi-kilogramme sur une denrée alimentaire aussi attrayante que le sucre, ne dût la faire pénétrer rapidement dans les classes les moins aisées de la société, et en augmenter considérablement la consommation.

Ceci ne saurait faire aujourd'hui l'objet d'un doute, car les faits se sont chargés de le démontrer, et l'on pourrait même ajouter que la question paraît être considérée comme jugée auprès de nos pouvoirs publics. Voici comment une commission de la chambre des députés l'envisageait récemment.

« Si les sucres coloniaux pouvaient arriver à un état assez pur pour être livrés immédiatement à la consommation, comme cela existe déjà en Angleterre, et plus particulièrement en Ecosse, si ces sucres mêmes pouvaient se réexporter à cet état et à meilleur marché, sur tout le littoral de la Méditerranée, dans des pays déjà habitués à cette sorte de produit, ce serait une voie nouvelle ouverte à ce commerce, emprisonné jusqu'ici dans les liens de la consommation intérieure dont on ne peut espérer le développement que par l'abaissement des prix (1). »

La part des classes pauvres étant faite, l'Etat pourrait, avec toute justice, demander aux classes aisées le surcroît de revenu dont il aurait besoin, en maintenant les surtaxes sur les sucres raffinés en pains, d'après les proportions fixées par la loi de 1843.

(1) Rapport de M. Denis Benoist, du 16 juillet 1844.

Le tarif des sucres serait donc établi ainsi qu'il suit :

Sucres indigènes granulés, sans distinction de nuance. . . . . 40 fr.

Sucres indigènes en pains, inférieurs aux mélis ou quatre cassons surtaxe de deux dixièmes. 48

Sucres indigènes en pains mélis, quatre cassons et candis, surtaxe de trois dixièmes. 52

Sucres des colonies d'Amérique granulés, et sans distinction de nuances. 30

Sucres de Bourbon, granulés, sans distinction de nuances. 24

Formulée dans ces termes, la loi des sucres serait simple, d'une exécution facile, et nous ne faisons pas de doute que la consommation ne dût bientôt s'élever jusqu'au chiffre annuel de 200 millions de kilogrammes. Or, dans cette hypothèse, voici quelles seraient les recettes du trésor :

Sur 30 millions de kilogrammes de sucre indigène mélis, ou quatre cassons, le droit de 52 fr., plus le décime, produirait. 17,140,000 fr.

30 millions de sucres granulés de toutes nuances, an droit principal de 44 fr. 13,200,000

70 millions de kilogrammes de sucres des colonies à 33 fr. 23,100,000

70 millions de kilogrammes de sucres étrangers qui viendraient remplir les besoins à 60 fr. (avec décime 66). 46,200,000

Total des recettes. 99,640,000

Ainsi, en adoptant cette combinaison qui, nous le répétons, n'imposerait à l'Etat qu'un sacrifice momentané, on obtiendrait les avantages suivants :

1° De consolider la prospérité d'une industrie que tous les pouvoirs de l'Etat ont déclaré vouloir conserver ;

2° D'assurer l'existence des colonies gravement compromise par l'émancipation des esclaves ;

3° De fournir à la navigation un aliment important dans le transport des sucres étrangers appelés à combler le déficit de la production coloniale ;

4° De s'assurer une recette annuelle de 100 millions, que rien ne pourrait plus compromettre, parce que toutes les positions seraient réglées à la satisfaction de tous les intérêts.

Certes, de pareils avantages méritent bien le sacrifice de quelques millions pendant deux ou trois ans.

---

§ VII.

Du sucre étranger.

Nous venons de mentionner le sucre étranger comme le principal élément qui doit figurer dans le chiffre des recettes sur les sucres, et nous avons fait figurer dans l'évaluation de la taxe qu'il devra acquitter, la surtaxe de 20 fr. qui protége aujourd'hui les produits nationaux contre la concurrence ruineuse qu'il serait, sans cette mesure, en position de leur faire.

Nous ne pensons pas avoir besoin de beaucoup nous étendre pour prouver la nécessité de cette protection. Ce n'est pas, en effet, au moment où la France s'occupe d'introduire dans ses possessions coloniales une réforme sociale aussi difficile que celle de la libération des esclaves; alors que les conséquences de cette mesure peuvent y compromettre la production par le renchérissement de la main d'œuvre, que l'on pourrait, avec quelques sentiments de justice, proposer de renoncer au préjudice de ces mêmes colonies, au système de protection qui fait la base de l'état économique du royaume.

Que demandent, au surplus, les partisans du sucre étranger? De voir s'accroître le mouvement de la navigation par une importation plus considérable de ce produit. Or, le système général que nous nous proposons, donne une ample satisfaction à cette demande, puisque le sucre étranger devra avoir, dans l'approvisionnement du royaume, une part qui ne sera limitée que par le développement de la consommation, tandis qu'il est, au contraire, assigné aux sucres nationaux des limites qu'ils ne pourront que difficilement franchir.

Toutefois, en maintenant la surtaxe de protection sur le sucre étranger, nous ne pensons pas qu'il soit nécessaire de l'élever au-dessus du chiffre auquel elle a été fixée par la loi de 1843, et c'est pour cela que nous proposons de faire porter sur cette marchandise la réduction de droits qu'il nous paraît désirable de voir introduire dans le système général de l'impôt sur les sucres.

D'après cela, la taxe sur les sucres étrangers, fixée aujourd'hui à 65 fr. par 100 kilog., serait réduite à 60 fr. et 66 fr. le décime compris.

§ VIII.

De la prime à l'exportation des sucres raffinés.

Il nous reste à traiter la sixième question, celle du drawback ou de la restitution des droits à l'exportation des sucres raffinés.

A nos yeux, tout l'intérêt de cette question, dans les conditions où elle est placée, se renferme dans l'évaluation plus ou moins exacte du rendement du sucre brut en sucre raffiné, et nous dirons avec l'honorable M. Passy, rapporteur de la loi de 1834 :

« Si le rendement est évalué trop bas, c'est une prime qui renaît sous une dénomination nouvelle ; s'il est, au contraire, évalué trop haut, il y a lésion pour les producteurs. »

Évidemment, c'est aujourd'hui la première supposition qui se réalise au désavantage des intérêts des producteurs nationaux.

Et, en effet, le rendement étant fixé à 70 0/0, il résulte des dispositions de la loi, que le raffineur qui a introduit 100 kilogrammes de sucre étranger, obtient la restitution totale du droit qu'il a acquitté, en exportant 70 kilogrammes de sucre raffiné.

Mais personne n'ignore qu'aujourd'hui les procédés de la raffinerie ont acquis un tel degré de perfectionnement, qu'ils ne laissent plus éprouver dans le travail du raffinage qu'un déchet à peu près insignifiant et qui n'est pas évalué à plus de 4 0/0. Il reste donc entre les mains du raffineur, après avoir exporté 70 0/0 des sucres qu'il a introduits, environ 25 0/0 de matières sucrées qui jouissent ainsi du privilége d'entrer dans la consommation en franchise de droits, puisqu'il a obtenu sur son exportation la restitution entière des droits qu'il avait acquittés.

Et qu'on ne dise pas que ces quantités sont de peu d'importance, car nous voyons, au contraire, que le chiffre s'en augmente d'année en année, et le développement que prend aujourd'hui ce genre d'industrie peut donner une idée des bénéfices qui y sont attachés. Voici, en effet, les chiffres que nous tirons des documents publiés par l'administration des douanes.

En 1834, après la loi sur le drawback, l'exportation des sucres raffinés s'éleva au chiffre de 3,900,000

En 1838 elle était de. 7,000,000

En 1841 elle s'est élevée à. 10,000,000

Enfin, en 1846, on annonce une exportation de 12,000,000

Cette progression suffit pour faire apprécier les avantages de la législation au profit du raffineur, et nous n'aurions pas à nous en occuper si cela ne se faisait aux dépens de la production nationale, puisque l'exportation de ces 12 millions de sucre raffinés aura laissé dans la consommation 3 millions de matières sucrées franches de tous droits, tandis qu'un pareil chiffre de sucres nationaux eût acquitté à l'État un droit de près de 1,500,000 fr.

Il y a là, comme on le voit, dommage pour l'État et pour la production nationale. Mais, nous dira-t-on, c'est dans le but de favoriser les raffineries françaises, qui, autrement, ne pourraient pas se présenter au dehors en concurrence avec les étrangers. Pour toute réponse, nous renverrons aux principes qui ont dicté la loi de 1834 sur les primes à donner à l'exportation des sucres, et l'on y verra que, si à cette époque, dans le but de supprimer la prime à l'exportation dont jouissait le sucre colonial, le gouvernement déclarait en principe :

« Que la France ne doit aux colonies que le monopole de son marché, » il se hâtait d'ajouter cette déclaration non moins importante dans la question :

« Si nous ne devons à nos colonies que le marché de la métropole et rien au delà, nous ne devons également aux raffineurs que le marché de la France, et la possibilité d'exporter à l'étranger en restituant le droit; mais nous ne pouvons ni ne devons leur assurer un placement à l'étranger aux dépens du Trésor, et en maintenant à leur égard un système de primes que nous sommes obligés de supprimer à l'égard de nos colonies (1). »

Il est évident, d'après cela, que la législation sur le drawback n'a pas atteint le but que l'on s'était proposé, et qu'il y a lieu à la réformer.

Pour le faire avec succès, nous pensons qu'il faudrait revenir sur les idées qui avaient prévalu en 1833, et qui, prenant leur source dans les abus qu'avait présenté la législation de 1826 sur les primes à l'exportation, avaient fait exclure entièrement de cette faveur notre production nationale pour n'y admettre que la production étrangère.

N'est-ce donc pas, en effet, une étrange anomalie que de voir une nation qui produit en Europe et en Amérique des

(1) Exposé des motifs au projet de loi sur les primes à donner pour l'exportation des sucres. (21 décembre 1832.)

quantités considérables de sucre, s'interdire par tous les moyens imaginables la faculté d'aller vendre sa propre production à l'étranger, et cela dans le but de réserver cet avantage à la production étrangère à la faveur d'une prime !

Et, dans le fait, il suffit d'étudier quelque peu la législation actuelle pour reconnaître qu'elle se résume à cette définition.

Il nous semblerait plus rationnel que la législation fût calculée de manière à permettre également l'exportation des raffinés soit nationaux, soit étrangers, et que s'il devait absolument y avoir prime à donner, mieux vaudrait encore que ce fût au profit de nos producteurs qu'à celui des producteurs étrangers ; mais nous pensons qu'il est facile de l'éviter dans l'un et l'autre cas, et tout dépend, ainsi que nous l'avons dit, d'une exacte appréciation du rendement des sucres bruts en sucres raffinés. Examinons donc cette question.

L'ordonnance du 18 juillet 1834 avait fixé à 75 pour 100 pour les sucres mélis et quatre cassons et à 78 pour 100 pour les lumps, le chiffre exigé à l'exportation pour la restitution du droit payé à l'entrée ; mais, sur les réclamations des raffineurs, cette ordonnance fut modifiée, et la loi du 3 juillet 1840 réduisit ce chiffre à 70 et 73 pour 100. C'est encore cette fixation qui prévaut aujourd'hui. Est-ce donc là véritablement le rendement exact que produit la raffinerie ? Nous sommes obligés de déclarer que nous avons la conviction contraire. — Les renseignements que nous avons pris nous ont fait connaître avec certitude qu'aujourd'hui, avec les progrès de la raffinerie, on est parvenu à des résultats beaucoup plus satisfaisants, et que sur 100 kilogrammes de sucre bonne quatrième, on n'éprouve en mélasse et déchet qu'un déficit de 15 pour 100, la différence étant représentée par 75 pour 100 de sucres raffinés, mélis et lumps, et 10 pour 100 vergeoises ayant encore une valeur courante sur le marché.

Et comment pourrait-il en être autrement, puisque nous voyons dès l'enquête de 1828 un raffineur véridique venir déclarer que le rendement de la raffinerie se composait alors ainsi qu'il suit :

50 pour 100 en sucre mélis,
15 pour cent en lumps,
20 pour 100 vergeoises,
10 pour 100 mélasses,
5 pour 100 perte.

100

Plus tard, en 1833, le rapport de la commission de la chambre des pairs vient constater encore un progrès dans l'industrie, et voici comment il s'exprime :

« Un fait sur lequel il ne peut exister aucun doute, puisqu'il est constaté par la plus convaincante de toutes les preuves, l'aveu des raffineurs eux-mêmes, c'est que le perfectionnement progressif des procédés de fabrication a amené des résultats tels qu'aujourd'hui le rendement commun de 100 kilog. de sucre brut est de :

50 kilog. mélis,
20 kilog. lumps,
30 kilog. mélasse. »

D'après ces constatations, il faudrait donc admettre que le rendement ne serait aujourd'hui, à très peu de choses près, que ce qu'il était en 1833, situation qui ne saurait être admise, parce qu'elle établirait en fait que, depuis quatorze ans, l'industrie de la raffinerie n'aurait fait aucun progrès, ce qui est évidemment inexact.

Mais une autre circonstance à laquelle on ne réfléchit pas, et dont il faut savoir pourtant tenir un grand compte dans la question, c'est l'amélioration qui s'est introduite depuis lors dans la fabrication des sucres indigènes et coloniaux. On sait, en effet, que de grands progrès ont été réalisés dans ces industries, et que les conséquences en ont été de faire élever d'une manière sensible toutes les nuances cotées dans le commerce.

Or, si en 1833 100 kilogrammes de sucres bonne quatrième donnaient déjà 70 pour 100 de sucres raffinés et 30 kilogrammes de mélasse, n'est-il pas évident qu'aujourd'hui, avec les progrès de la raffinerie et l'amélioration des matières premières, on ne doive obtenir des résultats beaucoup plus satisfaisants ? Voici effectivement ce qui résulte en ce moment des opérations de la raffinerie ; sur 100 kilog. de sucre bonne quatrième on obtient :

55 kilog. mélis,
20 kilog. lumps,
10 kilog. vergeoises,
10 kilog. mélases,
5 kilog. déchet.

100

Ces chiffres établis, il ne nous reste plus qu'à exposer nos idées sur le système de drawback qu'il conviendrait d'adopter. Elles sont extrêmement simples et elles se résolvent dans ces trois conditions :

1° Éviter au trésor public aucune perte dans la restitution des droits à l'exportation des sucres raffinés ;

2° Placer nos produits nationaux dans la position de pouvoir jouir des avantages accordés aux produits étrangers;

3° Placer nos raffineurs dans la position de pouvoir exercer leur industrie indifféremment sur les produits nationaux comme sur les produits étrangers.

Pour réaliser ces conditions, il nous semble qu'il suffirait d'établir une prime uniforme à l'exportation des sucres raffinés, calculée de telle sorte que le trésor public dans cette espèce de restitution ne pût jamais être en position de rendre plus qu'il n'aurait reçu, et ce résultat est facile à obtenir, en combinant le chiffre de la prime à l'exportation dans une juste proportion avec la différence que l'on sait exister entre les sucres bruts et les sucres raffinés.

Nous trouvons l'élément de cette proportion dans la loi du 2 juillet 1843, qui a établi sur les sucres mélis et quatre cassons une surtaxe de trois dixièmes en sus du droit principal, et sur les sucres lumps ou tapés une surtaxe de deux dixièmes. Or, cette loi nous servira de base pour la fixation des primes à l'exportation qui, d'après cela, seraient réglées ainsi qu'il suit, décime compris :

Pour 100 kil. de sucre mélis ou 4 cassons. .	57 fr.	20 c.
Pour 100 kil. de sucre lumps ou tapé. . . .	52	80

L'exportation des vergeoises n'obtiendrait aucune prime.

Cette combinaison offrirait cet avantage d'ouvrir les chances de l'exportation à nos sucres nationaux avec égalité de position avec les sucres étrangers.

Supposons, en effet, qu'un raffineur achète des sucres bruts de fabrique indigène qui auront acquitté le droit de 44 fr., il trouvera dans la restitution du droit augmenté de 3/10 en sus une rémunération suffisante de son travail et une prime qui lui permettra de présenter ses produits sur les marchés étrangers en concurrence avec ceux des autres nations, et voici à peu près comment il opérera :

1,000 kil. de sucre indigène bonne 4e au cours actuel, le droit étant à 44 fr., lui coûteront. . . . 1,280 fr.

Les frais de raffinerie évalués à 10 fr. par 100 kil., soit. 100

Total de ses déboursés. 1,580

Il présentera à l'exportation et touchera la prime :

Sur 550 kil. mélis. . .	314 fr.	60 c.
Sur 200 — lumps. . .	105	60
Il vendra à la consommation :		
100 kil. vergeoises. . .	115	
100 — mélasses. . .	60	

Total des sommes réalisées. . . . 595 20

Il restera à découvert de. 784 80

représentés par 750 kil. de sucres raffinés exportés, ce qui le mettra en position de primer tous les marchés.

Mais le trésor, nous dira-t-on? Eh bien, le trésor n'aura pas fait une mauvaise affaire, puisqu'il aura reçu pour 100 kil. de sucre brut. . . . . 440 fr.

Et restitué à l'exportation de 750 kil. de raffinés. . . . . 420 20 c.

Il restera donc encore un bénéfice de. . 19 80

Quant au sucre étranger, nous croyons qu'il ne s'en trouvera pas plus mal ; car, il aura ces deux alternatives ou d'être exporté concurremment avec le sucre indigène, en faisant la même opération que nous venons d'indiquer, ou de rester dans la consommation pour y remplir les vides que laisserait l'exportation du sucre indigène.

Voici un exemple de l'opération à faire sur le sucre étranger.

1,000 kil. de sucre de Porto-Rico coûteront à l'entrepôt du Havre, à raison de 62 fr. les 100 kil.	620 fr.	»
Droits à 66 fr. par 100 kil.	660	»
Frais de raffinerie à 10 fr. par 100 kil.	100	»
Total des déboursés.	1,380	»

Le raffineur présentera à l'exportation et touchera la prime sur :

550 kil. sucre mélis. . .	314 fr.	60 c.		
200 — — lumps. . .	105	60		
Il vendra à l'intérieur :				
100 kil. vergeoises. . .	115	«		
100 — mélasses.	60	«		
Total des sommes réalisées.			595	20
Il restera à découvert de.			784	80

somme qui lui sera représentée par 750 kilogrammes de sucres raffinés exportés à l'étranger.

Ainsi le raffineur de Paris qui aurait opéré sur des sucres indigènes, et celui du Havre sur des sucres étrangers, se trouveraient dans une situation identique, et pouvant aller offrir sur les différents marchés du globe des sucres raffinés de première qualité à raison de 1 fr. 05 le kilogramme, c'est-à-dire à moitié prix de ce qu'il se vend en France. Ajoutons ici que cette seconde opération sera très profitable au trésor pubic, puisqu'ayant reçu. . . . . 660 fr.

pour droits d'entrée sur 1,000 kil. de sucres étrangers, il n'aura à restituer pour prime que. . . . . 420 20 c.

Il restera un bénéfice de. . 229 80

Jusqu'ici nous n'avons pas parlé des sucres de nos colonies, et nous prévoyons l'objection que l'on nous fera, que le droit n'étant fixé qu'à 33 fr., la spéculation de la raffinerie pour l'exportation se portera de préférence sur les matières de cette provenance, ce qui placerait alors le trésor en perte, puisque sur 1,000 kilos, il n'aurait reçu que 330 fr., et qu'il devrait restituer sur 750 kilos, 420 fr.

Si l'on veut réfléchir un peu, on reconnaîtra facilement que cette objection n'est pas sérieuse. Et, en effet, la réduction du droit sur le sucre colonial n'a été proposée que pour compenser la différence produite sur le prix de revient par l'émancipation des esclaves.

Or, le résultat de cette faveur devant être nécessairement de faire élever le prix du sucre colonial dans les entrepôts, il n'y aura, par le fait, aucun avantage pour le raffineur à l'employer de préférence au sucre indigène ou au sucre étranger. Ce sera tout simplement le point où la fabrique se trouvera placée, qui décidera la préférence.

Quant à l'État, il restituera plus qu'il n'aura reçu, c'est vrai : mais que l'on se reporte aux motifs que nous avons exposés pour appuyer notre combinaison relative aux droits à acquitter par le sucre colonial, et l'on reconnaîtra que cette différence constitue l'espèce de prime que tous les esprits se sont accordés pour reconnaître comme nécessaire aux colons pour pouvoir soutenir les perturbations de l'émancipation.

Ceci étant concédé, le sacrifice n'augmente pas par le fait de l'exportation, car ce sera toujours la même somme à restituer, quelle que soit d'ailleurs l'espèce de sucre qui sera exportée. C'est ici où se trouve véritablement le mérite du système que nous indiquons, car du moment qu'il sera établi, on n'aura plus à s'enquérir de la nationalité des sucres présentés à l'exportation, et dès lors disparaîtra ce commerce des quittances contre lequel on s'est élevé avec juste raison.

Nous croyons avoir examiné dans ce travail tous les côtés de la question ; nous avons cherché à y faire, avec impartialité, la part des divers intérêts engagés ; c'est dirigé par ce sentiment que nous le soumettons avec confiance à l'examen du gouvernement, protecteur impartial de tous ces intérêts.

BIBLIOTHEQUE ROYALE
I

TABLE.

BIBLIOTHEQUE ROYALE
1

www.ingramcontent.com/pod-product-compliance
Ingram Content Group UK Ltd.
Pitfield, Milton Keynes, MK11 3LW, UK
UKHW031053260726
13965UKWH00006B/1365

9 782013 033732